创新型素质教育精品教材

互联网+教育改革新理念教材

企业文化

主编　管河梁

内容提要

本书将企业文化与职业素养相结合，旨在帮助学生增强职业意识，提升职业素养，塑造良好的职业形象。全书分为理论篇和实践篇，共八个项目，具体包括企业文化、职业与职业素养、职业道德、职业意识、职业能力、应用写作、职场礼仪和自我管理。

本书内容系统、体例丰富、实用性强，可作为各类院校素质教育课的教材。

图书在版编目（CIP）数据

企业文化与职业素养 / 管河梁主编. -- 上海 : 上海交通大学出版社, 2022.11（2023.8 重印）
ISBN 978-7-313-27359-8

Ⅰ. ①企… Ⅱ. ①管… Ⅲ. ①企业文化－教材②职业道德－教材 Ⅳ. ①F272-05②B822.9

中国版本图书馆 CIP 数据核字(2022)第 155483 号

企业文化与职业素养
QIYE WENHUA YU ZHIYE SUYANG

主　　编：管河梁
出版发行：上海交通大学出版社
地　　址：上海市番禺路 951 号
邮政编码：200030
电　　话：021-64071208
印　　制：三河市祥达印刷包装有限公司
经　　销：全国新华书店
开　　本：787mm×1092mm　1/16
印　　张：13.75
字　　数：318 千字
版　　次：2022 年 11 月第 1 版
印　　次：2023 年 8 月第 2 次印刷
书　　号：ISBN　978-7-313-27359-8
定　　价：37.00 元

前言 PREFACE

随着时代的发展与进步，社会对人才的要求越来越高。现代企业在招聘人才时，除了对从业人员的基础知识与基本技能有明确要求外，还格外注重从业人员对企业文化的认同感，以及从业人员的职业道德、职业意识和职业能力。要想在激烈的人才竞争中立足，从业人员就必须具备较强的职业素养。

为此，编者结合教学实践，认真编写了这本《企业文化与职业素养》。编者从实用的角度出发，将企业文化与职业素养相结合，并将二者与校园文化有效融合，帮助学生尽快完成“职业人”的角色转换。通过学习本书，学生能够对企业文化有正确的认识，自觉树立提升职业素养的意识，并在日常学习和生活中积极实践，为将来走向职场及提升职业竞争力做好准备。

总体而言，本书主要具有以下几个方面的特色。

一 立德树人，素质为本

党的二十大报告指出：“育人的根本在于立德。”本书有机融入党的二十大精神，积极践行“立德树人”的理念，以提升学生的职业素养为显性目标，以增强学生的综合素质为隐性目标，系统讲解诚实守信、爱岗敬业等职业道德，责任意识、竞争意识等职业意识，沟通能力、创新能力等职业能力，实现知识传授、能力培养与价值引领的有机统一，引导学生实现德智体美劳全面发展。

二 校企合作，协同育人

本书的编写在一线双师型教师和企业人才的指导与支持下进行，其内容的组织与体例设计充分考虑了课程标准的相关要求及从业要求，针对企业的用人需求，注重人才培养的实用性与实效性。

三 结构合理，内容实用

本书以“实用、够用”为原则，将全书分为理论篇和实践篇，在使学生充分认识员工与企业文化的关系，以及职业素养对职业生涯发展重要性的基础上，从职业道德、职业意识、职业能力、应用写作、职场礼仪和自我管理等方面详细阐述了职业素养的相关要求及提升途径，以帮助学生有意识地培养自己的职业素养，为将来的职业生涯打下良好基础。

四 体例创新，教学相宜

本书体例尝试创新，每个项目都包括“学习目标”“学习导航”“引导案例”“实践活动”“复习与思考”五个部分。其中，“学习目标”阐述学生应达到的素质目标、知识目标和能力目标；“学习导航”方便学生构建知识网络，理清学习的思路和重难点；“引导案例”用于引出正文内容，以引导教师进行情景化教学，激发学生的学习兴趣；“实践活动”能够帮助学生通过实际操作巩固所学知识；“复习与思考”旨在帮助学生进行知识自我检测。

此外，为了提升教材的可读性，调动学生学习的积极性与主动性，本书在知识点的讲解过程中，适时安排了“课堂活动”“明德修业”“知识视窗”等模块，以进一步加深学生对理论知识的理解。

五 图文并茂，版面精美

本书在正文中穿插有大量的图片，旨在以更加生动的形式展示相关知识。同时，本书版面设计合理且色彩分明，在传递信息的同时，也为学生带来视觉上的美感，从而激发学生的阅读兴趣，提高其学习效率。

六 数字资源，丰富多彩

本书将“互联网+”思想融入教材。学生可以借助手机或其他移动设备扫描二维码获取相关视频，也可登录文旌综合教育平台“文旌课堂”（www.wenjingketang.com）查看与下载本书配套资源，如“复习与思考”答案、优质课件、教案、课程标准等。

此外，本书还提供了在线题库，支持“教学作业，一键发布”，教师只需通过微信或“文旌课堂”App扫描扉页二维码，即可迅速选题、一键发布、智能批改，并查看学生的作业分析报告，提高教学效率、提升教学体验。学生可在线完成作业，巩固所学知识，提高学习效率。

本书由管河梁担任主编，王宁、王新、李云飞担任副主编。在编写过程中，编者参阅了大量文献资料与网络资料，在此向这些资料的作者表示诚挚的谢意。由于编者水平有限，书中难免存在疏漏与不当之处，敬请广大读者批评指正。

此外，本书在编写过程中引用了大量案例，其中部分案例来源于互联网或一些非正式出版物，在此，编者也对这些案例资源的作者表示衷心的感谢。本书在正文中没有注明出处的案例均为自编或者根据真实事件改编。

目录
CONTENTS

第一篇

理论篇

项目一 企业文化

素质目标

（1）树立正确的人生观、价值观、利益观。
（2）明确企业文化理念和价值导向，为企业发展增添活力。

知识目标

（1）了解企业文化的内涵、特征和功能。
（2）掌握企业文化的主要内容。
（3）明确员工在企业文化中的角色。
（4）掌握践行企业文化的策略。

能力目标

（1）能够正确认识企业文化，积极融入企业文化。
（2）能够积极践行企业文化理念，做合格员工。

学习导航

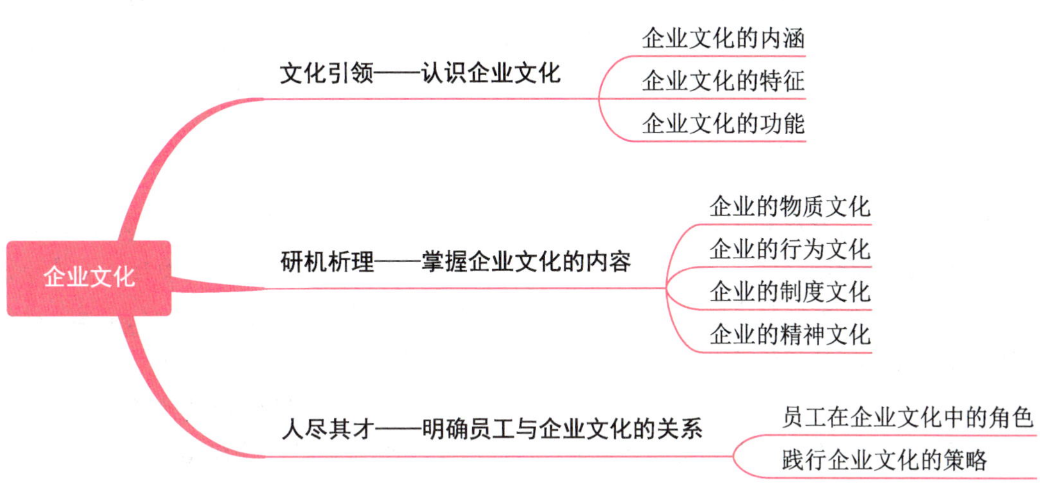

引导案例 从动物世界看企业文化

对一个持续成长的企业而言，尽管其经营战略总是随着外部环境的变化而变化，但其核心理念始终是相对稳定的。这犹如动物的特质决定了它将怎样直面自然界的挑战。将企业文化类比动物界的大象、狼、鹰和羚羊等动物的秉性和运动特性，企业文化可分为象文化、狼文化、鹰文化和羚羊文化，与其相对应的企业的工作环境、领导者、管理重心和价值取向等也具有不同的特点。

象文化——人本型企业文化：尊重、友好

大象天性温和，虽身躯庞大，却从不恃强凌弱，也不会主动攻击其他动物。它们依靠群体的力量，精诚团结，免受其他动物的攻击。在具有象文化特征的企业里，其工作环境是友好、融洽的。领导者通常像一位导师，能够尊重不同声音，倾听不同见解和不同诉求。企业的管理重心在于“以人为本”，重视员工在工作中和工作以外的不同角色。企业倡导团结协作、开放坦诚的价值观。

狼文化——活力型企业文化：强者、冒险

狼有着强烈的危机感，生性敏捷而具备攻击性，重视团队作战并能持之以恒。狼性精神是一种强者精神。在具有狼文化特征的企业里，其工作环境是充满活力的，富有创造性，以团结、忠诚、纪律和等级制度森严为特点。领导者往往以革新者和冒险者的形象出现。企业的管理重心在于大胆决策，鼓励员工创新。这类企业以提供独特的产品和服务，不断地开放进取为价值取向。

鹰文化——市场型企业文化：目标、绩效

鹰是动物界的捕猎高手，它在捕措时，会凶猛且迅速地扑捕目标。在具有鹰文化特征的企业里，其工作环境是具有竞争性的，强调“优胜劣汰”。领导者往往以推动者和出奇制胜的竞争者的形象出现。企业的管理重心在于激励员工进行内部竞争，并促使员工把握成功的机遇，迅速出击，从而使企业获得较高的市场份额和市场领先地位。这类企业以市场为目标导向，重视市场需求。

羚羊文化——稳健型企业文化：温和、敏捷

羚羊的秉性是在温和中见敏捷，反应快速又不失稳健。在具有羚羊文化特征的企业里，其工作环境是平稳的。领导者通常强调员工的规则意识和执行力。企业的管理重心在于强调企业制度，并依靠规则来约束和凝聚员工。这类企业追求发展的长期性和稳定性，往往凭借可靠的服务、良好的运行秩序和较低的成本获得成功。

资料来源：中国人力资源开发网（有改动）

思考：为什么不同企业的文化千差万别？为什么不同企业的管理风格各异？

模块一 文化引领——认识企业文化

文化兴，国运兴；文化强，民族强。当今时代，文化越来越成为民族凝聚力和创造力的重要源泉，越来越成为综合国力竞争的重要因素。对企业而言，企业文化是构成企业软实力的主要内容，是企业长期保持竞争优势的关键因素。企业文化是经济和社会发展的产物，每一个优秀的企业都有着自己独特的企业文化，它是企业经营特色的体现，更是企业生存、发展和参与市场竞争的精神动力。

一、企业文化的内涵

企业文化是指企业在生产经营管理实践中逐步形成的，为企业全体成员所认同并遵守的，带有本企业特色的精神财富和物质财富的总和。它包括企业愿景、企业精神、企业价值观、经营目的、经营理念、管理制度和产品等内容，其核心是企业精神和企业价值观。

通常而言，企业文化不仅是一种企业管理文化，也是一种组织文化和经济文化。

（1）企业文化是以企业管理主体意识为主导，通过建立共同理念和行为准则，创造鲜明的经营管理特色和良好的企业作风，进而指导企业的管理活动，提升企业的管理水平，从而促进企业在市场竞争中健康、持续发展的文化。因此，企业文化是一种企业管理文化。

（2）企业组织是人们在共同的目标指引下，通过分工合作和权责划分后从事生产经营管理活动的集合体。这种组织除了要有组织原则、组织结构和规章制度外，还要有企业文化，以使企业组织具有共同的群体意识和行为准则。因此，企业文化是一种组织文化。

（3）企业文化是建立在市场经济基础上，并且与市场经济运行机制有机结合的一种群体文化。它是在企业的生产经营管理活动中逐渐形成的，追求和实现一定的企业目的的文化。离开企业的经济活动，企业文化就不可能形成。因此，企业文化是一种经济文化。

二、企业文化的特征

（一）时代性

任何一个企业都是在一定的时代条件下产生和发展的。因此，企业文化是时代的产物，带有时代的烙印，也必定会折射出某个时代国家、民族或地域的经济与文化特征，并伴随着企业和社会的发展不断融合与更新。

（二）独特性

企业文化具有鲜明的个性和特色，具有相对独立性。每个企业都有其独特的文化淀积，这是由企业的经营管理特色、企业传统、企业目标、员工素质，以及企业内外部环境所共同决定的。

（三）系统性

企业文化的系统性具体表现在以下三个方面：① 企业文化是由精神文化、制度文化、行为文化和物质文化等多个层次的文化构成的一个整体；② 企业文化是由企业环境、企业价值观、企业宗旨等多种要素构成的一个整体；③ 企业文化引导企业全体成员把个人奋斗目标融于企业发展的整体目标之中，追求企业整体优势的实现。

（四）稳定性

一种积极的企业文化，尤其是企业核心价值观的形成，往往需要管理者坚持不懈地倡导和精心培育。企业文化一旦形成，就会保持一定的稳定性，不会因企业产品的更新、组织机构的调整或管理者的更换而发生根本性变化。

（五）动态性

虽然企业文化具有一定的稳定性，但其稳定性是相对的。随着企业的发展和生存环境的变化，尤其是当市场发生急剧变化、企业组织结构发生剧烈变动时，企业文化也会随之发生变化。

此外，优秀的企业一般具有较强的学习能力和吸收能力，不仅能够吸取经济发展、文化进步和社会变革中的积极因素，还能学习其他企业的好思想、好经验，从而使自身的企业文化呈现出螺旋上升状的发展态势。因此，企业文化具有一定的动态性。

（六）人本性

企业文化是一种以人为本的文化，具体表现在以下两个方面。

（1）从企业内部来看，企业文化既强调员工的理想、价值观和行为等在企业经营管理中的作用，又强调员工的全面发展在企业经营管理过程中的重要性，注重用愿景鼓舞人，用精神凝聚人，用机制激励人，用环境培育人。

（2）从企业外部来看，企业文化在强调"以客户为中心，为客户创造价值"的同时，又注重与股东和供应商等各方利益相关者形成共赢、发展的和谐关系，从而推动企业整体的发展与进步。

知识视窗

中国企业文化的主要特征

在中国传统文化特别是儒家思想的熏陶下，中国的企业文化主要表现出以下两个特征。

1. 产业报国，服务社会

"以天下为己任"是儒家思想的精华，也是中华民族的优良传统，几千年来已经深植于人们心中。无论何种企业，都在努力营造"产业报国，服务社会"的企业文化，并让员工和社会认同这种文化，鼓励员工以为社会创造价值为荣。事实证明，这种理念既符合民族文化传统，又遵循企业的成长规律，必将极大地推动企业的经营和发展。

2. 以和为贵，精诚合作

中国自古就是礼仪之邦，历来倡导"以和为贵"的伦理道德。这些传统道德渗透到企业中，就成为企业文化的重要内容。中国的企业家认为，"以和为贵"不仅可以化解企业内部的种种矛盾，还可以密切企业与消费者、企业与合作商之间的关系。

此外，中国企业比较注重与合作伙伴之间的"精诚合作"，秉持开放、合作、团结、共赢的信念，在充分整合企业资源，发挥自身优势的基础上，提升企业的市场适应能力和市场竞争力，促进企业之间的合作共赢。

资料来源：尚晓梅，高静，郝路露. 中国商道［M］. 北京：航空工业出版社，2019.（有改动）

三、企业文化的功能

具体而言，企业文化具有以下几项功能，如图 1-1 所示。

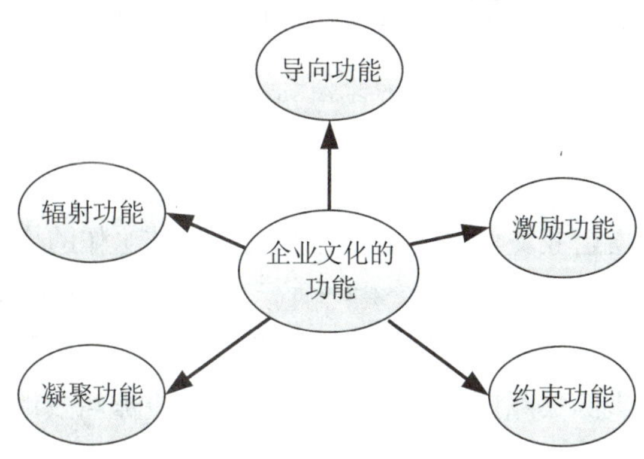

图 1-1 企业文化的功能

（一）导向功能

所谓导向功能，是指企业文化对企业全体成员的价值取向及行为取向具有引导作用。企业文化的导向功能主要是通过企业的经营理念、企业价值观和企业目标发挥出来的。具体而言，企业的经营理念能够指导企业的管理者做出正确的决策，指导员工采用科学的方法从事生产经营管理活动；企业价值观决定了企业的价值目标，并促使企业全体成员为实现共同的价值目标去努力；而企业目标为企业的生产经营管理活动指明了发展方向。

（二）激励功能

所谓激励功能，是指企业文化会对员工起到激励和鼓舞的作用。

首先，在以人为本的企业文化氛围中，员工被尊重的需要能够得到满足，因而会振奋精神，努力工作。

其次，企业精神和企业形象对员工有着极大的鼓舞作用。特别是当企业在社会上具有较大的影响力时，员工会产生强烈的荣誉感和自豪感，反过来也会努力用自己的实际行动去维护企业的荣誉和形象。

最后，健康向上的企业文化能够为企业全体成员提供良好的工作和生活环境，以及公平的成长与发展平台，并以制度确保激励的持续性与公平性，进而最大限度地激发企业全体成员的积极性、主动性和创造性。

（三）约束功能

所谓约束功能，是指企业文化对企业全体成员的心理和行为具有约束和规范作用。一般而言，企业文化的约束功能是通过企业“硬性”的管理制度和“软性”的文化感染两条途径实现的。

企业的管理制度是企业全体成员必须遵守的办事规程或行动准则，是对企业全体成员行为具有一定强制性的“硬”约束方式，其目的是使企业的生产经营管理按照计划和要求达到预期目标；而文化感染是企业全体成员在非制度形式的企业文化中表现出来的自我约束行为。相对于管理制度而言，它是一种非强制性的、潜移默化的“软”约束方式。

（四）凝聚功能

所谓凝聚功能，是指企业文化会使企业全体成员团结协作的作用。当企业文化被员工认可后，它就会成为一种“黏合剂”，产生一种巨大的向心力和凝聚力，使员工在使命、责任等方面达成共识。同时，企业文化还能在企业内部形成畅通的沟通渠道，以促使员工之间形成健康、和谐的人际关系，从而使企业全体成员更加高效地实现企业的发展目标。

（五）辐射功能

所谓辐射功能，是指企业文化不仅能够对企业内部员工产生影响，还能通过各种渠道的传播对社会产生影响。例如，优秀的企业文化能够帮助企业在公众心中树立良好的形象，提升企业的知名度和美誉度，从而为企业创造更多的经济效益和社会效益。

课堂活动

有人说，企业的成功与企业文化没有必然联系。很多企业都是从小规模逐步发展壮大的，没有企业文化也能成功。你认可这一观点吗？为什么？请谈一谈你的看法。

模块二　研机析理——掌握企业文化的内容

现代企业文化理论认为，企业文化由表及里可以分为以下四个层次（见图 1-2）：第一层（即表层）是企业的物质文化；第二层（即浅层）是企业的行为文化；第三层（即深层）是企业的制度文化；第四层（即核心层）是企业的精神文化。

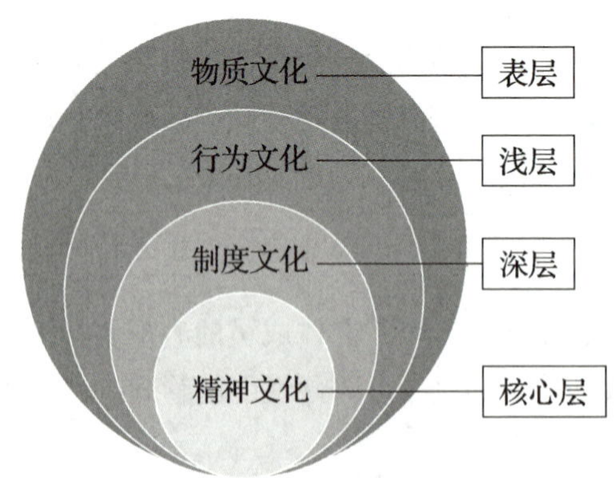

图 1-2　企业文化的四个层次

一、企业的物质文化

企业的物质文化是企业的表层文化，是由员工所创造的产品及其相关的有形或无形的物质所构成的文化。它是一种以物质形态为主要研究对象的文化，以看得见、摸得着或体会得到的物质形态来反映企业的精神面貌，又被称为“企业的硬文化”。

企业的物质文化主要包括企业产品、企业容貌、生产环境、技术装备等方面。

（一）企业产品

企业产品是指企业向市场提供的能满足客户某种需求的劳动成果。依据表现形态的不同，企业产品可分为物质产品和劳务产品。

（1）物质产品是有形产品，又称“货物”，是企业以原材料或半成品为加工对象进行生产活动所获得的产品。例如，农业企业生产的粮食、棉花、蔬菜等；工业企业生产的煤、钢、机器设备、食品、服装等；建筑业企业建造的房屋、道路、桥梁等。

（2）劳务产品是无形产品，一般称之为“劳务”或“服务”。例如，贸易企业提供的商品购销服务、运输企业提供的运输服务、邮政企业提供的包裹递送服务、通信企业提供的通信服务、金融保险业提供的金融服务和保险服务等。

（二）企业容貌

企业容貌是企业文化的表征，是企业个性化的标志，包括企业的名称、象征物，以及企业的空间结构、布局等。

（三）生产环境

生产环境是指员工从事生产活动的总体空间，包括和生产活动有关的场地、厂房建筑，以及其中的设备布局、相应空间的空气流动状况、采光照明等因素。

由于生产环境会影响员工的工作效率和情绪，因此，优化生产环境，为员工提供良好的工作氛围，是企业激励员工的重要手段。例如，企业可以利用植物、光线、色调等来营造轻松、和谐的工作环境，为员工高效工作提供有利条件。

（四）技术装备

技术装备是指生产上使用的各种机械、仪表、仪器和工具等设备。技术装备是实现企业产品目标或服务目标的工具和手段，是企业形成物质文化的保证。

创新和完善技术装备对于企业加快产业升级，提高生产效率，降低资源消耗，实现生产过程的智能化具有重要意义。

总体而言，企业的物质文化是企业通过外部特征和经营实力表现出来的。一般情况下，优秀的企业往往更加重视产品的开发、服务的质量、企业的生产环境等。例如，一些大型企业一般都会建造专属自己的办公大楼，有些企业还会提供员工宿舍、员工食堂等，这些都是企业物质文化的表现。

二、企业的行为文化

企业的行为文化是企业的浅层文化，是企业全体成员在生产经营管理和人际关系中所产生的活动文化。它是企业全体成员的工作作风、精神风貌、人际关系的动态体现，也是企业精神、企业价值观的折射。

企业的行为文化主要通过企业家的行为、企业模范人物的行为和员工的群体行为表现出来。

（一）企业家的行为

企业家的行为是指在特定条件下，具有独特文化和完整人格结构的企业家在企业经营管理活动中，对各种简单或复杂的社会刺激所做出的反应和外在表现。企业家的行为在企业行为文化建设中的作用主要表现在以下几个方面。

（1）企业家是企业文化的倡导者，其态度和行为会影响企业与员工的行为，决定企业行为文化的走向。

（2）企业家的行为是其素质的外在表现，而企业家素质的高低决定企业行为文化的优劣。

（3）企业家是企业的代言人，其行为代表着企业的行为，体现着企业的形象。他们既是企业行为文化的缔造者，又是企业行为文化的践行者和示范者。

（4）以企业家行为为导向的企业行为文化一旦形成，不仅对企业家自身的行为具有规范和约束作用，还对企业及全体员工的行为具有约束作用。

（二）企业模范人物的行为

企业模范人物的行为是指企业优秀干部和优秀员工所表现出的良好行为。企业模范人物是企业的中坚力量，他们的行为在整个企业行为中占有重要的地位。在具有优秀企业文化的企业中，最受人敬重的群体就是那些集中体现了企业价值观的企业模范人物。

企业模范人物大多是从实践中涌现出来的、被员工推选出来的普通人。他们在各自的岗位上做出了突出的成绩和贡献，成为了其他员工学习的榜样，因此其行为常常被其他员工效仿。

企业模范人物的行为可分为企业模范个体的行为和企业模范群体的行为。通常情况下，企业模范个体的行为仅仅是在某一方面比较突出，并不是在每一方面都无可挑剔。而企业模范群体的行为是企业模范个体行为的提升，是企业价值观的综合体现，具有全面性。因此，企业模范群体的行为更能成为企业所有员工的行为规范。

知识视窗

企业模范人物的类型

企业模范人物可分为领袖型、开拓型、民生型、实干型、智慧型、坚毅型和廉洁型。

1. 领袖型

领袖型企业模范人物具有极高的精神境界和理想追求，有比较完善的符合社会发展规律的价值观体系。

2. 开拓型

开拓型企业模范人物永不满足现状，勇于创新、锐意进取，具有较强的竞争意识。

3. 民生型

民生型企业模范人物善于处理人际关系，并善于集思广益，能把许多小股力量凝聚成无坚不摧的巨大力量。

4. 实干型

实干型企业模范人物总是埋头苦干、默默无闻，数十年如一日贡献自己的力量。

5. 智慧型

智慧型企业模范人物知识渊博、思路开阔、崇尚巧干，常有锦囊妙计。

6. 坚毅型

坚毅型企业模范人物越是遇到困难干劲越足，越是危险越能挺身而出，关键时刻能够挑起大梁，百折不挠。

7. 廉洁型

廉洁型企业模范人物一身正气，两袖清风，办事公正，深得民心，为企业的文明做出表率。

资料来源：华瑶．企业文化与评价［M］．长春：吉林人民出版社，2007.（有改动）

（三）员工的群体行为

员工的群体行为是指受企业一般行为规范支配的行为，具有普遍性，是员工行为最起码的标准。员工的群体行为在企业行为文化建设中的作用主要表现在以下几个方面。

（1）员工是企业的主体，他们的群体行为决定了企业的精神风貌和文明程度。员工群体行为的塑造是企业行为文化建设的重要组成部分。

（2）员工的群体行为通过贯彻企业价值观，可以使每位员工严格遵守、忠实履行企业文化倡导的价值准则和规章制度等，进而促进企业的稳定发展。

（3）员工的群体行为可以使每位员工都行动起来，统一思想、统一步骤、团结一心、共同奋斗，进而形成强大的团体凝聚力和企业行动力，从而形成企业永恒不竭的发展动力。

（4）员工的群体行为能够倡导积极的精神状态、价值观念和行为方式，进而在潜在层面改变和塑造员工的认知、思维、态度、情感、意志等心理品质，从而引导员工自觉思考并践行企业目标，推动企业行为文化的建设。

三、企业的制度文化

企业的制度文化是企业的深层文化，是企业为实现自身目标而对员工行为给予一定限制的文化。它是企业文化中人与物、人与企业运营机制的结合，既是适应企业物质文化的固定形式，又是塑造企业精神文化的主要机制和载体。

作为一种约束员工行为的规范性文化，企业的制度文化能够使企业在复杂多变、竞争激烈的环境中处于良好的运转状态，从而保证企业目标的实现。

企业的制度文化主要包括领导体制、组织机构和管理制度等三个方面的内容。

（一）领导体制

领导体制是指独立的或相对独立的组织系统进行决策、指挥、监督等领导活动时运用的具体制度或体系，它用严格的制度保证领导活动的完整性、一致性、稳定性和连贯性。在企业的制度文化中，领导体制影响着企业组织结构的设置，制约着企业管理的各个方面，是企业制度文化的核心。

首先，科学的领导体制是企业领导活动有效开展的组织保证，主要体现在以下两个方面：一是可以协调领导机构和领导人员的内部分工；二是可以协调领导者与被领导者的关系。其次，科学的领导体制是提高企业整体领导效能的重要因素，决定领导活动的目标和工作效率。最后，科学的领导体制是规范企业领导行为的根本机制。

（二）组织机构

组织机构是指企业为了有效实现企业目标而筹划建立的企业内部各个部门及其关系。如果把企业视为一个生命有机体，那么组织机构就是这个有机体的骨骼。组织机构是否适应企业的生产经营管理要求，对企业的生存和发展具有很大的影响。

不同的企业文化，有着不同的组织机构。除了企业制度文化中的领导体制外，影响企业组织机构的因素还包括企业环境、企业目标、企业生产技术和员工的思想文化素质等。

（三）管理制度

管理制度是企业为获得最大效益，在生产管理实践活动中制订的各种带有强制性的，并能保障一定权利的各项规定或条例，包括企业的人事管理制度、生产管理制度、财务管理制度等。

员工手册：企业内部的人事管理制度规范

管理制度既能规范员工行为，保障员工个人的活动得以合理进行，又能维护员工的共同利益，是企业进行正常生产经营管理的强有力保证，更是实现企业目标的有力措施和手段。

知识视窗

企业制度文化与企业物质文化、企业行为文化的关系

1. 企业制度文化与企业物质文化的关系

（1）企业物质文化是企业制度文化存在的前提。企业只有具备一定的物质文化才能产生与之相适应的制度文化。当然，企业制度文化会随企业物质文化的变化而变化。

（2）企业制度文化是企业物质文化建设的保证。规范的企业制度文化可以促进企业物质文化的形成和发展。例如，没有严格的岗位职责制度和科学的操作规范等一系列制度的约束，企业便难以提供优质的产品和令客户满意的服务。

2. 企业制度文化与企业行为文化的关系

（1）企业行为文化是对企业制度文化的完善。在企业生产经营管理活动中，企业家能够根据本企业的生产实践特点和其他企业的经验对企业制度文化进行修订、补充和完善。

（2）企业制度文化是企业行为文化得以贯彻的保证。规范的企业制度文化有助于约束员工在生产、学习、娱乐、生活等各方面的行为，提高员工的文明程度，形成和谐的人际关系和良好的工作作风。

四、企业的精神文化

企业的精神文化是企业的核心层文化，是用以指导企业开展生产经营管理活动的各种行为原则、群体意识和价值观念，是以企业精神为核心的意识形态的总和。它是支撑企业文化体系的灵魂，反映了企业的信念和追求，又被称为“企业的软文化”。

企业的精神文化主要包括企业精神、企业经营宗旨、企业价值观、企业经营理念、企业作风和企业伦理准则等内容。

（一）企业精神

一般而言，企业精神是现代意识与企业个性相结合的一种群体意识，是企业全体成员彼此产生共鸣的内心态度、意志状况和思想境界，可以激发企业全体成员的积极性，增强企业的活力。

每个企业都有各具特色的企业精神，它往往以简洁而富有哲理的语言或图形加以概括，如厂歌、厂训、厂规、厂徽等。

（二）企业经营宗旨

企业经营宗旨是指企业经营活动的主要目的和意图。企业经营宗旨可以从宏观、中观

和微观三个范围进行理解。

宏观范围的经营宗旨是指企业在社会层面上希望自身所能承担的社会任务，并由此所能达到的社会目标。

中观范围的经营宗旨是指企业在自身所处的领域中希望承担的任务，并为所处行业的发展做出的贡献。

微观范围的经营宗旨是指企业为自身发展规定的具体目标。

（三）企业价值观

企业价值观是指企业及其全体成员的价值取向，是企业在追求经营成功过程中所推崇的基本信念和奉行的标准，是企业全体成员一致赞同的关于企业意义的终极判断，为企业的生存与发展提供了精神支柱。企业价值观一经确立并成为企业全体成员的共识，就会产生长期的稳定性，甚至成为几代人共同的信念。

（四）企业经营理念

企业经营理念主要是指那些由思想、观念、心理等因素经长期的相互渗透、影响而逐步形成的一种内含于企业生产经营管理中的主导意识。需要注意的是，企业经营理念不是永久不变的，而是在企业的生产经营管理实践中逐步完善的。

（五）企业作风

企业作风是指一个企业在长期的实践活动中形成的一种风气，是企业内质的外在表现。它是企业在各种活动中所表现出来的一贯态度和行为处事的风格，是企业全体成员在企业发展过程中长期积累并形成的精神风貌。企业作风既具有本企业特性，也具有企业的行业特征，以及生产技术、经营管理、员工素质等方面的特点。

良好的企业作风，能够协调企业的组织与管理行为，有助于建立科学、规范的企业运行机制，提升员工的工作主动性，进而达到提高经济效益的目的。

（六）企业伦理准则

企业伦理准则是指企业在处理内外利益相关者关系中的伦理原则、道德规范及其实践的总和。企业要实现自身权益，就必须承担尊重利益相关者权益的责任，同时也必须遵守市场交易中的“游戏规则”。

企业伦理准则是现代企业生存和发展的重要条件，它以其特有的社会功能对企业发展施以影响。首先，企业伦理准则作为一种校正员工行为及人际关系的软约束，能使企业员工具有明确的是非观、善恶观，提高工作效率和道德水准。其次，企业伦理准则有助于企业确立整体价值观，发扬企业精神，进而使得员工群体行为合理化，从而有助于提高群体绩效。

知识视窗

企业制度文化与企业精神文化的关系

企业制度文化与企业精神文化是辩证统一的关系。

一方面，企业制度文化是一定企业精神文化的产物，它必须适应企业精神文化的要求。人们总是在一定的价值观指导下去完善和改革企业各项制度的。例如，若企业的组织机构不适应企业目标，企业目标就无法实现。相应地，企业会调整组织机构去适应企业目标，从而促进企业目标的实现。

另一方面，企业制度文化是塑造企业精神文化的根本保证。企业精神所倡导的一系列行为准则，必须依靠企业制度去实现，通过制度建设规范企业员工的行为，并使企业精神转化为企业员工的自觉行动。

此外，企业制度文化又是企业精神文化的基础和载体，并对企业精神文化起反作用。企业制度的建立可以促使企业及员工选择新的价值观，进而形成新的精神文化。

课堂活动

结合现实中你所熟知的企业案例，谈一谈什么样的企业文化对员工最有吸引力。

模块三 人尽其才——明确员工与企业文化的关系

一、员工在企业文化中的角色

企业文化是企业全体成员共同培育的文化。员工作为企业生产经营管理活动的主体，是企业文化建设的基本力量。一般情况下，员工在企业文化中主要扮演着以下几种角色。

（一）创造者

企业文化是企业全体成员在生产经营管理活动中不断总结、提炼所形成的，体现的是大家共同认可的思想观念、价值追求、行为习惯、经营风格等。因此，企业文化建设的过程本质上就是员工在生产经营管理活动中不断创造、不断实践的过程。

企业文化虽然体现出了企业家的智慧，但更体现出了员工的智慧。正是依靠员工的聪明才智，企业文化的内容才能更加丰富。同时，企业文化还必须依靠员工去落实、监督、沟通和反馈，以不断革新与进步，在实践中得以完善。

（二）传播者

企业文化对外传播的主要对象是客户，而客户与企业建立联系主要是通过两种形式来实现的。一是使用企业的产品或享受企业提供的服务；二是与企业员工进行直接或间接的接触。

客户评价企业的主要依据是产品和服务的质量，以及员工的态度。由于企业的产品和服务是由企业中的“人”创造和提供的，因此，员工就成了企业文化对外传播的窗口。每位员工的素质都会影响客户对其所在企业的评价，因此，企业中的每一位员工都应强化“企业文化传播主体”的意识，并努力让自己的工作行为符合企业规范，传播企业正能量。

（三）受益者

企业文化对员工的主要作用在于“塑造”。优秀的企业文化对员工的职业发展能够起到积极的促进作用，不仅有助于员工职业技能的提升，还有助于员工通过学习、理解和认同企业文化，提升自身的职业道德、社会公德和行为习惯水平。

此外，丰富的企业文化内涵与实践活动，也能够为员工提供更多的学习平台和交流机会，使其个人综合素质得到不断提升。

二、践行企业文化的策略

企业的发展离不开每一位员工的努力。作为一名合格的员工，要加深对企业文化的认识与理解，自觉并积极践行企业文化，为企业的发展做出贡献。

（一）融入企业文化

江河汇入大海，需要适应海的咸涩与波澜。同样，员工进入一个企业，也需要努力适应并融入企业文化。员工要想尽快地融入企业文化，需要做到以下几点。

1. 树立良好的心态

要想尽快地融入企业文化，员工要树立良好的心态，努力学习并掌握基本的工作技能，争取把每一件小事都做好、做细，不抱怨，不偷懒。在工作中，员工要有主人翁意识，将个人职业发展与企业发展紧密结合，把工作当成自己的事业去完成，维护企业的利益，用积极的心态面对工作与生活中的种种挑战，从而最大限度地释放个人潜能。

如何应对挫折

1. 确立适度的期望值

挫折总是跟目标和期望值连在一起的。所谓挫折就是行为受阻，是指既定的目标不能顺利实现。因此，当受到挫折后，人们要重新衡量一下目标和标准是否定得太高，是否符合主客观条件。如果期望值过高又不切合实际，就容易使人失望；而期望值过低，则会使人缺乏努力的动力。

2. 培养符合实际的需要

挫折是人的心理需要同客观现实发生矛盾的结果。在现实生活中，一些人常常把理想当成现实，把需要当成可能，把可能当成必然，盲目提出和极力满足一些不合理的或不切实际的需要，这就容易构成需要上的挫折。因此，人们应该认识自己需要的合理性和现实性，调整不合理的需要，培养符合实际的需要。

3. 端正对挫折的认识

职场新人刚刚涉足社会时，往往把人生道路看得很平坦，把社会生活看得过于简单和理想化，缺乏应付复杂社会生活的心理准备。一旦遇到挫折，他们在心理上就难以接受，在挫折面前束手无策，甚至把挫折看成是不可逾越的障碍。因此，职场新人要以正确的眼光看待社会生活，学会在挫折面前保持心理平衡，经受住挫折的考验，并从挫折中吸取教训。

4. 树立自尊自爱的形象

作为一名职场新人，不应过分在意他人的目光或过多地计较和关注个人暂时的得失。而是应该把自己的自尊心同人生的大目标联系起来，用最恰当、最积极的方式满足自己的自尊心。

5. 增强自信心

人在情绪低落时，最容易贬低自己，所以在失意时，更应该有意寻找自己美好的一面，增强自信。因此，人们要善于发现自己的优点，肯定自己的能力，学会自我激励，自我表扬，并通过不断地自我激励，获取内在动力，朝着所期望的目标前进，最终达到成功的顶峰。

资料来源：崔正华，王伶俐，李爽. 大学生心理健康与心理素质培养［M］. 北京：航空工业出版社，2018.（有改动）

2. 保持学习的习惯

员工要融入企业文化，就要保持不断学习的习惯。首先，员工要秉持一颗谦虚的心，主动加强与领导、同事的沟通，向优秀的同事学习；其次，员工要时常反省自身行为是否符合企业文化的要求，对自己工作中出现的问题进行总结和反思；最后，由于企业文化可能随着企业内外部环境的变化而不断更新，员工也要不断更新自己的知识，不断突破自己的舒适区，努力提高自身的业务素质，增强业务能力。

3. 正确定位自我价值

员工要想更好地融入企业文化，就必须先了解企业文化，明确企业的价值追求和自身的价值追求，然后进行自我评估，清楚自己在企业中所处的位置，明确自己的岗位职责和工作内容，从而为企业的发展做贡献。

（二）践行企业文化

企业文化的影响力在于践行。员工要有效践行企业文化，需要做到以下几点。

1. 内化于心，正确认识企业文化

正确认识企业文化，充分领会其精髓，是员工有效践行企业文化的重要前提。企业文化不是空洞的口号，而是蕴含着丰富且深厚的精神内涵和文化底蕴。员工如果不能正确认识企业文化的精神内涵，只是粗略地了解其浅层意思，就无法融会贯通，不能真正将企业文化融入自己的工作和生活中，也不可能有效地践行企业文化。

2. 外化于行，积极参与企业活动

员工应积极投身于企业文化的建设活动中，将企业文化与个人工作相结合，自觉遵守相关规定，争做企业文化的践行者和维护者。此外，员工还要积极参与企业组织的各项活动，如为提高企业员工的文化素质和劳动技能开展的培训活动，坚持实践出真知，实践长真才，在干中学、学中干，边干边学，不断完善履职尽责必备的职业素养。

3. 固化于体，长期贯彻执行

企业文化来自实践，发挥企业文化的导向作用也必须回到实践中去。因此，作为企业文化的传播者，员工应始终将企业文化作为自身工作的规范和行动指南，努力做到心中有责、心中有戒，严守规矩、实事求是，长期贯彻执行企业文化。

（三）传播企业文化

为了更好地传播企业文化，员工首先要树立正确的企业文化传播理念，有传播企业文化的意愿；其次要自觉学习和掌握专业知识和技能，在兢兢业业做好本职工作的基础上，精益求精，追求卓越，增强主人翁意识、质量意识和创新意识，激发自我成长的内驱力，从而实现个人成长与企业需求的“同频共振”；最后要善于综合运用各种传播手段、技巧，搞好企业形象的展示工作。

此外，员工在传播企业文化过程中，还应注意以下两点。

（1）注意自身形象。员工作为企业的形象代表，应该特别注意自己的言行举止，掌握基本的职业礼仪，树立良好的职业风范，从而有利于企业文化的传播。

（2）提升专业素养。员工个人专业素养的提升对企业文化的传播等具有重要的影响和意义，是企业实现可持续发展的强大动力和力量源泉。

实践活动 情景模拟——企业文化培训初体验

【活动背景】

新员工作为企业发展过程中的重要力量，在进入企业后，一般要参加相应的入职培训，以深入了解企业文化和相关规章制度，从而更快地进入工作状态，更好地融入工作团队。为帮助学生更好地理解企业文化的相关知识，提高活动组织能力和团队合作能力，请同学们开展一次“企业文化培训初体验”的情景模拟。

【实施步骤】

（1）教师提前拟定国内外知名企业名单以供学生选择目标企业。

（2）全班同学以4～6人为一组进行分组，并选出组长，然后通过讨论、协商选定企业。

（3）各组确定好企业后，由组长进行任务和角色分工（可选角色包括培训人员、部门主管和新员工等），并将小组成员及分工情况填入表1-1中。

表1-1　小组成员及分工情况

小组成员	姓名	学号	角色	任务分工
组长				
组员				

（4）小组成员提前了解所选企业的企业文化，搜集相关资料并展开讨论，拟定培训内容和培训流程。

（5）小组成员根据所学知识、搜集的资料及讨论的结果，共同制作一份企业文化培训演示文稿，并根据演示文稿进行排练。

（6）各组通过抽签的方式决定情景模拟的顺序，在课堂上轮流进行情景模拟展示。

（7）活动结束后，教师针对本次活动的整体情况做总结性发言。

活动评价

采取自评、小组互评和教师评价相结合的方式完成考核评价，并将其结果填写在如表 1-2 所示的考核评价表中。

表 1-2　考核评价表

项目名称	评价内容	分值	评价分数		
			自评	互评	师评
知识与技能考核（60%）	对所选企业的企业文化讲解具体、全面	30			
	培训内容设计合理	15			
	情景模拟中角色演绎贴切	15			
综合素质考核（40%）	能够积极实施任务	10			
	能够与组员团结合作，共同完成实践活动	10			
	态度认真，做事细致	10			
	勤于思考，善于总结	10			
合计		100			
总评	自评（20%）+互评（20%）+师评（60%）=	教师（签名）：			

复习与思考

一、不定项选择题

1．企业文化是指企业在生产经营管理实践中逐步形成的，为（　　）所认同并遵守的，带有本企业特色的精神财富和物质财富的总和。

A．企业全体成员　　B．企业领导

C．大多数员工　　D．大多数领导

2．一般而言，企业文化不具有（　　）的特征。

A．时代性　　B．普遍性

C．动态性　　D．稳定性

3．企业文化由表及里可以分为（　　）。

A．物质文化　　B．行为文化

C．制度文化　　D．精神文化

4．企业的物质文化是一种以（　　）为主要研究对象的文化，以看得见、摸得着或体会得到的物质形态来反映企业的精神面貌，又被称为“企业的硬文化”。

A．产品形态　　B．物质形态

C．服务形态　　D．精神形态

5．企业的行为文化主要通过（　　）表现出来。

A．企业家的行为　　B．企业模范人物的行为

C．员工的群体行为　　D．企业供应商的行为

6．企业的制度文化主要包括（　　）等方面的内容。

A．领导体制　　B．组织机构

C．管理制度　　D．员工制度

二、判断题

1．企业文化是时代的产物，带有时代的烙印，具有稳定性，不会随企业的发展及企业生存环境的变化而变化。（　　）

2．企业文化对企业全体成员的价值取向及行为取向具有引导作用。（　　）

3．企业文化不仅能够对企业内部员工产生影响，还能通过各种渠道的传播对社会产生影响，具有一定的社会辐射功能。（　　）

4．企业的物质文化又被称为“企业的软文化”。（　　）

5．员工作为企业生产经营管理活动的主体，是企业文化建设的基本力量。（　　）

6．员工只需要努力适应和融入企业文化，而不必传播企业文化。（　　）

三、简答题

1．简述企业文化的特征。

2．简述企业文化的功能。

3．简述企业文化的主要内容。

4．简述员工应该如何践行企业文化。

四、案例分析

S公司是某市的一家民营科技企业，由几位志同道合的伙伴共同创办。公司成立之初，由于资金并不宽裕，几位合伙人主动提出在公司盈利之前不领取工资的想法。在他们不计报酬、努力工作的精神感召下，公司的其他员工也时常义务加班，共同营造出关系融洽、士气高涨的工作氛围。

经过公司全体成员的共同努力，两年后，该公司发展为一家集产品开发、生产和经销于一体的中型科技企业，在行业内也有了一定的知名度。随后，公司进入高速发展阶段，经济效益连年大幅增长，员工待遇也随之得到改善。加上公司所处行业属于朝阳行业，有

大批具备专业技能的年轻人加入公司，员工们普遍感觉在这样的公司工作很有前途。

近几年，由于公司发展步入稳定期，经济效益增幅放缓，公司内部出现了员工安于现状、不思进取的现象，尤其是中层管理者的流失问题严重。中层管理者的频繁流失，使公司的管理出现脱节现象，员工的士气也大受影响。

最近，员工内部流传着这样的消息：公司人员多流向国内的同行业企业；那些跳槽的人都在新岗位上做得不错，待遇也更好，工作强度还更小；那些公司对于员工的评估并不单纯以业绩为标准……

针对公司面临的以上问题，公司总经理感到非常棘手，准备请相关专业人员为公司提些建议，以使公司早日摆脱目前的困境。

问题：如果你是相关专业人员，会提出怎样的建议呢？

项目二 职业与职业素养

素质目标

（1）培养正确的自我认知能力。

（2）增强职业意识，树立良好的职业道德观。

知识目标

（1）了解职业的内涵、特征和分类。

（2）掌握性格和职业兴趣的相关知识，以及其与职业的关系。

（3）明确职业选择的方法和步骤。

（4）熟悉职业素养的基本内容和特征。

（5）掌握提升职业素养的意义和途径。

能力目标

（1）能够真正了解自己的性格和职业兴趣，明确职业方向。

（2）能够自觉提升自身的职业素养，为今后的就业做好准备。

学习导航

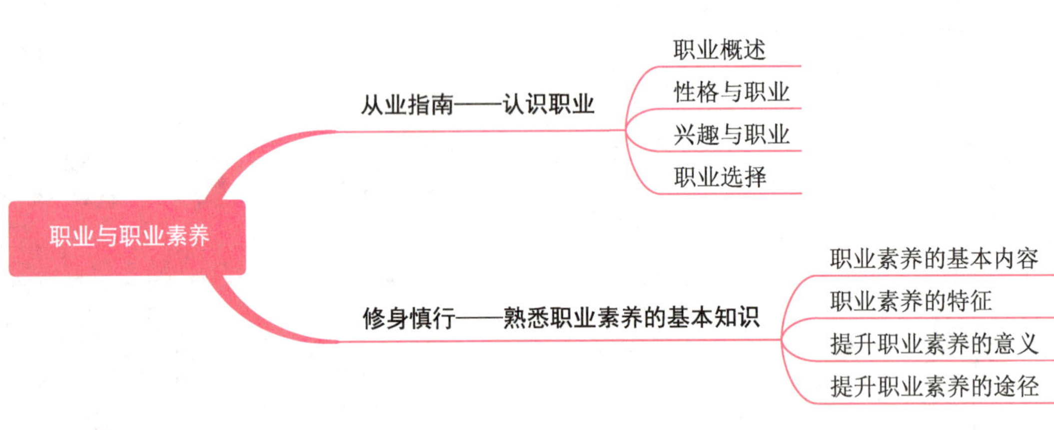

引导案例　两颗种子，两种际遇

春天到了，轻柔的风吹拂着这个睡眼惺忪的大地，万物开始复苏。这个时候，两颗种子也醒了，它们正躺在一片肥沃的土壤里憧憬着各自的未来。

第一颗种子说："我一定要努力生长！我要向下扎根，让生命在土壤里变得坚强！我要'出人头地'，让茎叶随风摇摆，歌颂春天的到来！我还要开出美丽的花朵，结出丰硕的果实，给这个大地增添些许沁人的花香，为人们提供可口的果实。这样我既可以感受到春晖照耀脸庞的温暖，也可以体味到晨露滴落花瓣的喜悦和生命成熟的欢欣！"

第二颗种子听后，摇了摇头说："我可没有你那么勇敢！我若向下扎根，也许会碰到坚硬的石块；我若用力向上钻，可能会伤到我脆弱的茎秆儿；我若长出幼芽，可能会被蜗牛吃掉；我若开出美丽的花朵，只怕有人看了会将我连根拔起；我若结出果实，只怕会被不劳而获的家伙偷偷摘去。所以，我还是等情况安全些再做打算吧！"

于是，第二颗种子继续蜷缩在那一片它自认为十分安全的土壤里。几天后，一只母鸡在庭院里觅食，把它吃进了肚子里。

而第一颗种子一直在努力生长着，这期间它受过伤，挨过冻，哭过，笑过，被人踩踏过，被蜗牛啃啮过，但是它始终没有忘记自己的梦想。每当寒夜侵袭，一切都沉寂下来的时候，它也会感到一丝孤独和凄凉，但它总是一遍一遍地对自己说："我不能放弃，也不会放弃！我要一步步地完成目标，努力实现自己的梦想！"

终于有一天，它长大了，开出了娇艳的花朵，结出了累累的果实。

资料来源：搜狐网（有改动）

思考：为什么两颗相同的种子拥有两种不同的际遇？

模块一 从业指南——认识职业

一、职业概述

（一）职业的内涵

职业是指人们参与社会分工，利用专业的知识和技能，为社会创造物质或精神财富，以获取合理报酬，作为物质生活来源并满足精神需求的工作。它是一个人的生活方式、经济状况、文化水平、行为模式、思想情操等的综合反映，也是一个人的权利、义务、职责和社会地位的一般体现。

对个人而言，职业具有维持生活、参与社会劳动、发挥个人才能的作用。对社会而言，职业具有实现社会控制、维持社会运转、为社会创造财富的作用。

（二）职业的特征

1. 目的性

职业是个体谋生的手段。人们以获得一定的现金或实物等报酬为目的，或是以实现自我价值，为社会做贡献，满足精神需求为目的，这些都体现了职业的目的性。

2. 社会性

职业是人们在特定社会生活环境中所从事的一种与其他社会成员相互关联、相互服务的社会活动，它是社会生产力发展和社会分工的结果。职业的社会性反映了不同的职业应承担不同的社会责任，而每种职业的从业人员都承担着不同的社会角色。

3. 稳定性

职业是在长期生产活动中随着社会进步和劳动分工而逐步产生与发展的，在一定时期内具有相对稳定性。

4. 规范性

职业的规范性主要包含以下两层含义：一是职业操作的规范性；二是职业道德的规范性。常言道："隔行如隔山。"每一种职业都有一定的技术含量或技术规范要求，人们在从事某一职业之前，一般要接受特定的专业知识教育，并进行专门的技能或操作训练。同时，人们在进行各类职业活动时，还必须遵守相关行业的职业道德。这两种规范构成了职业规范性的内涵与外延。

5. 多样性

随着经济和社会的不断发展，社会分工越来越细，职业的种类也越来越多，呈现出多样性的特征。

6. 时代性

职业的产生和演变与时代的发展和变化紧密相关。随着社会的发展、科技的进步，经济结构、产业结构发生了变化，新的职业会替代一部分与社会不相适应的职业，同一种职业的活动内容和方式也会发生变化。

（三）职业的分类

职业分类是指按照一定的规则、标准或方法，结合职业的性质和特征，把一般特征和本质特征相同或相似的职业，统一归纳到一定类别系统中去的过程。

随着我国进入新发展阶段，国家经济实力、科技实力、综合国力跃上新的台阶，新技术、新产业、新业态发展迅猛，行业发展变革引发社会职业结构较大规模变迁。为适应新时代我国人力资源管理的需要，2021 年 4 月，人力资源社会保障部会同国家市场监督管理总局、国家统计局以《中华人民共和国职业分类大典（2015 年版）》为基础，优化调整了部分归类，修改完善了部分职业信息描述，将我国职业分为 8 个大类、79 个中类、449 个小类和 1 636 个细类。其中，细类是最基本的类别，即职业。

（1）第一大类是指党的机关、国家机关、群众团体和社会组织、企事业单位负责人，包括 6 个中类：① 中国共产党机关负责人；② 国家机关负责人；③ 民主党派和工商联负责人；④ 人民团体和群众团体、社会组织及其他成员组织负责人；⑤ 基层群众自治组织负责人；⑥ 企事业单位负责人。

（2）第二大类是指专业技术人员，包括 11 个中类：① 科学研究人员；② 工程技术人员；③ 农业技术人员；④ 飞机和船舶技术人员；⑤ 卫生专业技术人员；⑥ 经济和金融专业人员；⑦ 监察、法律、社会和宗教专业人员；⑧ 教学人员；⑨ 文学艺术、体育专业人员；⑩ 新闻出版、文化专业人员；⑪ 其他专业技术人员。

（3）第三大类是指办事人员和有关人员，包括 4 个中类：① 行政办事及辅助人员；② 安全和消防及辅助人员；③ 法律事务及辅助人员；④ 其他办事人员和有关人员。

（4）第四大类是指社会生产服务和生活服务人员，包括 15 个中类：① 批发与零售服务人员；② 交通运输、仓储物流和邮政业服务人员；③ 住宿和餐饮服务人员；④ 信息传输、软件和信息技术服务人员；⑤ 金融服务人员；⑥ 房地产服务人员；⑦ 租赁和商务服务人员；⑧ 技术辅助服务人员；⑨ 水利、环境和公共设施管理服务人员；⑩ 居民服务人员；⑪ 电力、燃气及水供应服务人员；⑫ 修理及制作服务人员；⑬ 文化和教育服务人员；⑭ 健康、体育和休闲服务人员；⑮ 其他社会生产和生活服务人员。

（5）第五大类是指农、林、牧、渔业生产及辅助人员，包括 6 个中类：① 农业生产人员；② 林业生产人员；③ 畜牧业生产人员；④ 渔业生产人员；⑤ 农、林、牧、渔业生产辅助人员；⑥ 其他农、林、牧、渔业生产及辅助人员。

（6）第六大类是指生产制造及有关人员，包括 32 个中类：① 农副产品加工人员；② 食品、饮料生产加工人员；③ 烟草及其制品加工人员；④ 纺织、针织、印染人员；⑤ 纺织品、服装和皮革、毛皮制品加工制作人员；⑥ 木材加工、家具与木制品制作人员；⑦ 纸及纸制品生产加工人员；⑧ 印刷和记录媒介复制人员；⑨ 文教、工美、体育和娱乐用品制作人员；⑩ 石油加工和炼焦、煤化工生产人员；⑪ 化学原料和化学制品制造人员；⑫ 医药制造人员；⑬ 化学纤维制造人员；⑭ 橡胶和塑料制品制造人员；⑮ 非金属矿物制品制造人员；⑯ 采矿人员；⑰ 金属冶炼和压延加工人员；⑱ 机械制造基础加工人员；⑲ 金属制品制造人员；⑳ 通用设备制造人员；㉑ 专用设备制造人员；㉒ 汽车制造人员；㉓ 铁路、船舶、航空设备制造人员；㉔ 电气机械和器材制造人员；㉕ 计算机、通信和其他电子设备制造人员；㉖ 仪器仪表制造人员；㉗ 再生资源综合利用人员；㉘ 电力、热力、气体、水生产和输配人员；㉙ 建筑施工人员；㉚ 运输设备和通用工程机械操作人员及有关人员；㉛ 生产辅助人员；㉜ 其他生产制造及有关人员。

（7）第七大类是指军队人员，包括 4 个中类：① 军官（警官）；② 军士（警士）；③ 义务兵；④ 文职人员。

（8）第八大类是指不便分类的其他从业人员。

课堂活动

按照最新的《中华人民共和国职业分类大典》，谈一谈今后你所希望从事的职业分属哪个大类，哪个中类？

二、性格与职业

（一）性格的内涵

性格即人的性情品格，是表现在人对现实的态度和相应的行为方式中比较稳定的、具有核心意义的个性心理特征。它是个性的核心部分，最能表现出个别差异，具有复杂的结构，大体表现在态度、意志、情绪和理智等四个方面。

态度方面主要指的是一个人如何处理社会各方面的关系，即其对社会、集体、工作、劳动、他人和自己的态度。意志方面指的是一个人对自己的行为进行的自觉调节。情绪方面指的是一个人的情绪对其活动的影响，以及其对自己情绪的控制能力。理智方面是指一个人用以认识、理解、思考和决断的能力。

性格是在社会实践中逐渐形成的，它一旦形成，就比较稳定，会在不同的时间和地点表现出来。但性格并不是一成不变的，而是具有可塑性的。影响性格形成的因素错综复杂，主要包括基因遗传因素、成长期发育因素和社会环境因素。

（二）性格的分类

1. 依据心理机能划分

依据心理机能的不同，性格可分为理智型、情感型和意志型。

（1）理智型性格的人注重思考，是非分明，在大多情况下都能做到镇定自若、处变不惊、头脑清醒。

（2）情感型性格的人感情丰富，可细分为以下三种类型：一是抑郁型，表现为情绪持续低落、压抑、多愁善感等；二是躁狂型，表现为精神振奋、待人热情、喜欢交往、精力充沛等；三是情感循环型，其特点是抑郁型性格和躁狂型性格的反复、交替出现，情感波动较大。

（3）意志型性格的人做人做事目标明确，责任感和自控力较强，做事果断，不拖泥带水。

2. 依据心理活动倾向性划分

依据心理活动倾向性的不同，性格可分为内倾型和外倾型。

（1）内倾型性格的人认知世界时往往以内在的自我感受为核心，其特点主要有性格迟疑、爱思考、孤僻、退缩、戒备心强、不愿抛头露面等。

（2）外倾型性格的人认知世界时往往以外在的客观事物为核心，其特点主要有开朗活泼、兴趣广泛、处事果断、独立性强、不拘小节、喜欢交际等。

3. 依据核心价值观、注意力焦点及行为习惯综合划分

依据核心价值观、注意力焦点及行为习惯的不同，性格可分为九种，即“九型性格”（见图 2-1），具体包括：1 号完美型、2 号助人型、3 号成就型、4 号自我型、5 号理智型、6 号忠诚型、7 号活跃型、8 号领袖型、9 号和平型。九型性格的欲望特质及主要特征如表 2-1 所示。

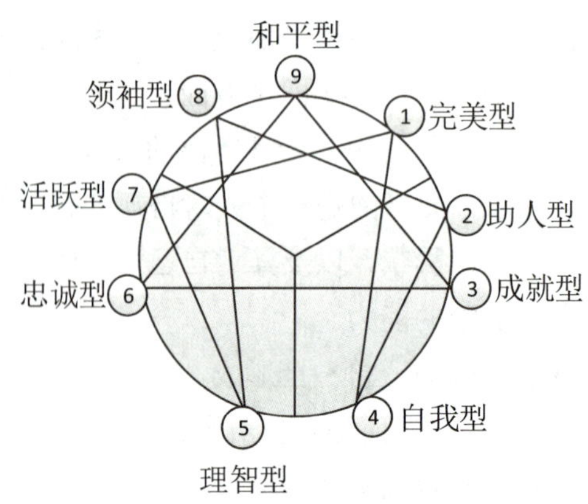

图 2-1　九型性格模型

表 2-1　九型性格的欲望特质及主要特征

序号	性格类型	欲望特质	主要特征
1	完美型	追求不断进步	原则性强，不易妥协，黑白分明，对自己和别人要求甚高，追求完美
2	助人型	追求助人为乐	渴望别人的爱或良好关系，甘愿迁就他人，慷慨大方，乐善好施，要觉得别人需要自己，常忽略自己
3	成就型	追求成果	具有强烈的好胜心，常与别人比较，以成就衡量自己的价值高低，看重形象，工作狂，惧怕表达内心感受，希望成为人群中的焦点
4	自我型	追求独特	情绪化，追求浪漫，惧怕被人拒绝，觉得别人不明白自己，我行我素，易忧郁、妒忌，多愁善感
5	理智型	追求知识	冷眼看世界，孤僻，喜欢思考和分析，条理分明，对物质生活要求不高，喜欢精神生活
6	忠诚型	追求忠心	做事小心谨慎，多疑，喜欢群体生活，为别人做事尽心尽力，不喜欢受人注视，安于现状，团体意识很强
7	活跃型	追求快乐	乐观，追求新鲜感，不喜欢承受压力，害怕负面情绪
8	领袖型	追求权力	讲求实力，不依靠他人，有正义感，喜欢做大事，行动派，捍卫自身的利益
9	和平型	追求和平	不会拒绝他人，温和友善、害怕冲突，优柔寡断

4. 依据行为方式划分

依据行为方式的不同，性格可分为 A 型性格、B 型性格、C 型性格和 D 型性格。

（1）A 型性格属于急躁型，这种性格的人脾气比较火爆，遇事容易急躁，不善克制，好争辩，爱表现自己的才华，对人常存戒心等。

（2）B 型性格属于中庸型，这种性格的人不争强好胜，不贪图名利，不前不后、甘居中游等。

（3）C 型性格属于隐忍型，这种性格的人通常表现为害怕竞争，逆来顺受，追求完美，尽职尽责等。

（4）D 型性格属于抑郁型，这种性格的人不善社交，为人较为孤僻，看事情比较消极悲观。

5. 依据五行属性划分

依据五行属性的不同，性格可分为金、木、水、火、土五种类型，又称“5D 性格”。这五类性格有着各自鲜明的特征，每类性格可以用 10 个四字词语进行描述，如表 2-2 所示。

表 2-2　5D 性格的性格特征

序号	金	木	水	火	土
1	充满活力	温顺合群	沉默寡言	热情奔放	温和平静
2	刚毅果断	谦虚腼腆	从容不迫	感情丰富	缓慢谨慎
3	自信心强	固执坚持	放松稳定	关注自我	容忍挫折
4	勇敢无畏	脾气随和	自我控制	冲动急躁	容易紧张
5	理性分析	实际现实	善于分析	充满幻想	不喜改变
6	喜欢新奇	保守顺从	埋头实干	喜爱艺术	宽宏大量
7	愤世嫉俗	乐于助人	信任他人	善于言辞	诚恳谦虚
8	争强好胜	坦诚直接	精明机智	猜忌心强	温厚善良
9	行动力强	遵守纪律	细心睿智	彬彬有礼	严格自律
10	追求成就	勤奋工作	有上进心	粗心健忘	坚定信仰

（三）性格与职业的关系

有的人热情、开朗、活泼、外露，有的人深沉、内敛、多愁善感；有的人大胆自信，有的人羞怯自卑；有的人干脆果断，有的人慢条斯理等。这些性格差异在不同程度上都会影响个体职业的选择与发展。

1. 选择与性格匹配的职业

人们在选择职业时，要尽量选择适合自己性格特征的工作。因为每一种职业对从业人员的性格特征都有特定的要求，要适应某一职业，就必须具备这一职业要求的性格特征。没有良好的与职业要求相适应的性格特征，就不能很好地适应工作，也不能更好地发挥自己的聪明才智。

一般说来，开朗、活泼、热情、温和的性格，比较适合从事外贸、涉外、文体、教育、服务等方面的工作，以及其他与人交往的职业；多疑、好问、倔强的性格，比较适合从事科研、治学等方面的工作；深沉、严谨、认真的性格，比较适合从事行政、党务等方面的工作。

知识视窗

MBTI 性格测试

迈尔斯·布里格斯类型指标（Myers-Briggs Type Indicator，MBTI）是一种性格测试方法，主要应用于职业发展、职业咨询、团队建议、婚姻教育等方面，是目前国际上应用较广的人才甄别工具。

MBTI 性格理论主要通过了解人们在精力支配、认知方式、判断方式和生活方式等四个维度的偏好，来对人的性格进行分析。四个维度的具体内容如表 2-3 所示。

表 2-3 MBTI 性格理论的四个维度

维度	具体描述	偏好
精力支配	从哪里获取精力	外倾 E（extroversion）—内倾 I（introversion）
认知方式	如何获取信息	感觉 S（sensing）—直觉 N（intuition）
判断方式	如何做决定	思维 T（thinking）—情感 F（feeling）
生活方式	如何应对外部环境	判断 J（judging）—知觉 P（perceiving）

每个维度有两个方向，共计八个方面，其中两两组合，可以组合成 16 种性格类型，如表 2-4 所示。

表 2-4 MBTI 性格类型与典型职业类型

序号	1	2	3	4	5	6	7	8
性格类型	ISTJ 内倾感觉 思维判断	ISFJ 内倾感觉 情感判断	INFJ 内倾直觉 情感判断	INFP 内倾直觉 情感知觉	ESTJ 外倾感觉 思维判断	ESFJ 外倾感觉 情感判断	ENFJ 外倾直觉 情感判断	ENFP 外倾直觉 情感知觉
职业类型	审计员、会计等	幼师、护理医师等	心理咨询师、编辑等	治疗师、音乐家等	督导员、质检员等	营销员、销售员等	教师、政治家等	记者、演讲家等
序号	9	10	11	12	13	14	15	16
性格类型	ISTP 内倾感觉 思维知觉	ISFP 内倾感觉 情感知觉	INTJ 内倾直觉 思维判断	INTP 内倾直觉 思维知觉	ESTP 外倾感觉 思维知觉	ESFP 外倾感觉 情感知觉	ENTJ 外倾直觉 思维判断	ENTP 外倾直觉 思维知觉
职业类型	药剂师、科研人员等	作家、艺术家等	顾问、科学家等	建筑师、设计师等	创业人员、志愿者等	促销员、社会工作者等	管理者、调度员等	企业家、发明家等

2. 调整性格适应工作

通常情况下，每个人所具有的性格与所从事的职业要求完全匹配只是一种理想化的状态。更多的时候，从业人员需要通过主观努力，自觉地根据职业需要，不断调整自己的性格，促成自身性格与工作需求匹配的最大化。例如，容易害羞的人想要从事营销工作，可以通过学习市场营销知识充实自我，有意识地改变形象，或者学习社交技巧等方式增强自信，进而不再害羞。

需要注意的是，职业对性格的需求并不是一成不变的，从业人员需要有针对性地调整和完善自己的性格，才能使自身性格与职业需求相匹配，从而促进自己在职业生涯中获得成功。

3．更换工作适应性格

如果一个人的性格与所选择的职业格格不入，那么对其来说，工作就会变成一种煎熬，工作效率和效果也会因此大打折扣。如果有机会，从业人员可以更换一份适合自己性格的工作，这样将更有助于自己未来的职业发展，也更有助于实现自己的人生价值。

课堂活动

请同学们进行 MBTI 性格类型测试，判断一下自己属于哪种性格类型，并结合实际工作和生活，分析该种性格的人有何具体表现。

三、兴趣与职业

（一）兴趣及职业兴趣

职业兴趣

兴趣是人们认识某种事物或从事某种活动的心理倾向。良好的兴趣能够提高人们活动的积极性，促使人们努力学习、积极工作，是人们探索未知事物和从事某种活动的精神动力，也是人们养成良好个性和优秀品德的重要条件。

职业兴趣是兴趣在职业方面的表现，是指人们对某种职业活动具有的比较稳定而持久的心理倾向，是人们在进行职业选择时的重要考虑因素。职业兴趣决定了一个人的工作态度和适应能力，良好的职业兴趣将有利于提升从业人员对工作的满意度，保持职业稳定性，激发从业人员的职业成就感。

（二）职业兴趣与职业的关系

1．职业兴趣是职业选择的重要依据

约翰・霍兰德（John Holland）是美国著名的心理学教授和职业指导专家，他于 1959 年提出了具有广泛社会影响力的职业兴趣理论，即将职业兴趣分为社会型、企业型、常规型、现实型、研究型和艺术型，其具体特征与典型职业如表 2-5 所示。

表 2-5　职业兴趣的具体特征与典型职业

序号	类型	具体特征	典型职业
1	社会型	喜欢与人交往，善言谈，愿意教导别人，关心社会问题，渴望发挥自己的社会作用	教育工作者（如教师、教育行政人员），社会工作者（如咨询人员、公关人员）
2	企业型	追求权力、权威和物质财富，具有领导才能，喜欢竞争、敢冒风险，有野心、有抱负，做事有较强的目的性	项目经理、销售人员、营销管理人员、政府官员、企业领导、法官、律师

（续表）

序号	类型	具体特征	典型职业
3	常规型	尊重权威和规章制度，喜欢按计划办事，细心、有条理，习惯接受他人的指挥和领导，缺乏创造性，不喜欢冒险和竞争，富有自我牺牲精神	秘书、办公室人员、记事员、会计、行政助理、图书馆管理员、出纳员、打字员、投资分析员
4	现实型	动手能力强，做事手脚灵活，动作协调，偏好于具体任务，不善言辞，做事保守，较为谦虚，缺乏社交能力	技术性职业（如计算机硬件人员、摄影师、制图员、机械装配工），技能性职业（如木匠、厨师、技工、修理工、农民）
5	研究型	抽象思维能力强，善思考，喜欢独立的和富有创造性的工作，不善于领导他人，考虑问题理性，做事喜欢精确，喜欢逻辑分析和推理	科学研究人员、教师、工程师、电脑编程人员、医生、系统分析员
6	艺术型	有创造力，渴望表现自己的个性，实现自身的价值，追求完美，不重实际，具有一定的艺术才能和个性，善于表达，怀旧，心态较为复杂	艺术方面（如演员、导演、雕刻家、建筑师、广告制作人），音乐方面（如歌唱家、作曲家、乐队指挥），文学方面（如小说家、诗人、剧作家）

需要注意的是，职业兴趣在职业选择中，也并不总是起着正向的驱动作用，有时也会给人们的职业选择带来困惑。例如，有的人因职业兴趣与所学专业不一致，在选择职业时容易陷入两难境地。因此，人们在客观分析自己职业兴趣的同时，还要树立正确的人生志向，根据社会的需要，不断调整自己的兴趣爱好，从而找到适合自己兴趣的职业。

知识视窗

对职业兴趣的认识误区

1．把简单的喜欢和感兴趣当作职业兴趣

有些人喜欢看小说，就认为自己的职业兴趣是成为一名作家；有些人喜欢打游戏，就认为自己的职业兴趣是从事计算机领域相关的职业。而当他们真正接触这些职业时，却发现并不是自己想象的样子。因此，人们在选择职业时，要详细了解该行业的相关信息，冷静分析，做好充足的准备，不能把简单的喜欢和感兴趣当作职业兴趣。

2．从事自己感兴趣的工作就意味着轻松愉快

做自己感兴趣的工作能让人感到快乐，激发更高的工作热情，但不一定是轻松的。实际上，任何一种职业都要付出努力和辛劳才能取得一定的成就，做出成绩。因此，要想获得事业上的成功，人们除了要对自己的职业感兴趣外，还要坚持学习，不断提升自己的综合职业素养。

3．不是自己感兴趣的工作就不做

能从事自己感兴趣的工作是幸运的，但在进行职业选择时，除了要考虑个人的职

业兴趣外，人们还要综合考虑自身的性格、能力等。如果坚持“不是自己感兴趣的工作就不做”，那么很可能无法顺利就业。但是，兴趣是可以慢慢培养的。人们在进行职业选择时，一定要立足现实，不能好高骛远，也不能只考虑所谓的兴趣，而应尝试“干一行，爱一行”，在适合自己且自己能够胜任的岗位上积累工作经验，保持积极的心态，努力在工作中获得成就感。

2. 职业兴趣可以提高工作效率

在工作过程中，职业兴趣是一个人努力的原动力，可以增强人们对职业的适应性。如果一个人选择的职业与自己的职业兴趣相吻合，那么枯燥的工作也会变得趣味无穷，他也会在工作中努力克服困难，不断积极进取，从而创造更高的工作效益。相反，如果一个人选择的职业与自己的职业兴趣不一致，那么，他往往就会以消极的情绪对待工作，从而影响工作效率。

3. 职业兴趣是保证职业成功的重要因素之一

职业兴趣会影响一个人对职业的满意度及其在工作中的投入程度。根据职业兴趣选择某种职业时，人们在工作中的自觉性和积极性会得以提高，也会将个人的潜在能力发挥到最大程度，从而促进个人在职业中获得成功。

课堂活动

（1）请同学们利用网络完成霍兰德职业兴趣测试，确定自己的职业兴趣及相对应的职业和岗位。

（2）职业兴趣相同的同学自觉成为一组，每组选出一名组长。

（3）小组内每位成员结合其他成员的性格，对他人的职业兴趣进行评价，判断他人的职业兴趣与性格是否匹配，并说明理由。

（4）由各组组长总结小组成员的讨论情况，轮流依次发言。

四、职业选择

职业选择是指从业人员对自己就业的种类和方向进行挑选和确定。它是人们进入社会生活领域的重要一环，是人生的关键环节。职业选择有利于人和岗位的较好结合，使从业人员顺利从事某种职业，促进人的全面发展。

（一）职业选择的方法

在进行职业选择时，从业人员可以利用决策平衡单（decision-making balance sheet，见表 2-6）做出决定。决策平衡单可以帮助从业人员分析每一个可能的选项，判断分别执行各个选项的利弊得失，然后依据其在利弊得失等方面的加权计分，排列出各个选项的优先顺序，从而选择最优先或偏好的方案。

表 2-6 决策平衡单

考虑因素	权重	职业选项 1		职业选项 2		职业选项 3	
	（-5～5）	得分（1～10）	加权分数	得分（1～10）	加权分数	得分（1～10）	加权分数
自我物质方面的得失							
自我精神方面的得失							
他人物质方面的得失							
他人精神方面的得失							
总分							

决策平衡单的考虑因素主要包括以下四个方面：① 自我物质方面的得失，如个人收入、晋升机会、休闲时间、社交范围等；② 自我精神方面的得失，如生活方式的改变、成就感、兴趣的满足、挑战性、社会声望等；③ 他人物质方面的得失，如家庭收入、家庭地位等；④ 他人精神方面的得失，如父母的支持、师长的支持、朋友的支持等。

从业人员利用决策平衡单进行职业选择可参考以下步骤。

（1）列出可能的职业选项，以 3～5 个为宜。

（2）列出在选择职业的过程中考虑的主要因素。

（3）对每个因素的重要性进行打分，分值在 1～5 之间。其中，“1”表示最不重要，“5”表示最重要。

（4）针对每个职业选项，依据不同的因素，进行利弊评分，分值在-5～5 之间。其中，“-5”表示最不符合，“0”表示不清楚或不确定，“5”表示最符合。

（5）计算每个职业选项每个因素的单独加权得分，并计算各个职业选项的总分。

（6）依据每个职业选项的总分高低，排出所列职业选项的优先次序。职业选项的优先次序即可作为职业选择的依据。

例如，一名大学生在选择毕业出路时，在直接就业、创业和考研之间纠结，于是利用决策平衡单来做出选择，如表 2-7 所示。

表 2-7　毕业决策平衡单

考虑因素		权重	直接就业		创业		考研	
		（1～5）	得分（-5～5）	加权分数	得分（-5～5）	加权分数	得分（-5～5）	加权分数
自我物质方面的得失	个人收入	3	2	6	4	12	-2	-6
	健康	2	1	2	-2	-4	-1	-2
	休闲时间	4	-3	-12	-5	-20	3	12
自我精神方面的得失	兴趣	3	0	0	2	6	5	15
	有成就感	4	-1	-4	3	12	5	20
他人物质方面的得失	家庭收入	1	1	1	3	3	-1	-1
	与家人相处时间	1	-3	-6	-4	-4	3	3
他人精神方面的得失	父母的支持	4	-1	-4	-2	-8	5	20
	师长的支持	2	2	4	-2	-4	5	10
	朋友的支持	2	-3	-6	5	10	-3	-6
总分			-19		3		65	

通过表 2-7 可以看出，该名大学生毕业时最适合的出路是考研，其次是创业，最后是直接就业。

（二）职业选择的步骤

1. 进行自我评估和环境分析

自我评估就是对自己进行全面的分析，从而更加了解和认识自己，以便准确定位自己。自我评估的内容通常包括兴趣、特长、性格、学识、技能、智商、情商，以及组织、管理、协调等各项能力。评估的方法有很多，主要有自评法，即自我反省、自我分析；他评法，即家长、同学或朋友对自己的评价。

环境分析主要是通过对组织环境，特别是对组织发展战略、人力资源需求和晋升机会进行分析，以及对社会政治环境、经济环境等有关问题进行探讨，弄清楚环境对于个人职业发展的作用和影响，以便更好地进行职业目标的确定和职业方向的选择。

2. 确立职业发展的方向和目标

职业发展方向的确立需要考虑以下几个问题：我想往哪方面发展？我能往哪方面发展？我的职业选择能否帮助我实现人生的最终目标？

坚定的目标是成功的驱动力。职业发展目标是人们希望自己从事并为之努力的某种职业层次及类型的组合，主要包括人生目标、长期目标、中期目标与短期目标。一般而言，从业人员首先应根据个人的专业、性格、兴趣，以及社会的发展趋势等确定自己的人生目标和长期目标；然后再把人生目标和长期目标进行细分，根据个人的经历和所处的组织环境制订相应的中期目标和短期目标。

3. 制订职业行动方案

千里之行，始于足下。在确立职业发展的方向和目标后，从业人员就需要基于主客观条件，制订一套科学合理、具体可行的职业行动方案，明确为实现职业发展目标所需要具备的技能，确定工作开展的方法、步骤和具体措施等。

明德修业

明确目标，有的放矢

小语是电子通信专业的学生，但他对市场营销比较感兴趣。经过职业测评和充分的市场调查，他决定成为一名高新技术企业的经营者。于是，他根据自身的情况，确立了自己的职业目标。

职业前期（21～26 岁）：完成专业学习，考取计算机等级考试一级证书、助理营销师证、助理商务策划师证。

职业初期（26～35 岁）：考取高级市场营销师证书。经过努力，成为所在公司手机销售部门的总监。

职业发展期（35～45 岁）：尝试经营自己的企业，以高科技产品为主要方向。

职业后期（45～60 岁）：主要从事人才培养、企业策划等工作。

为了保证目标的实现，他为自己制订了详细的目标与行动方案，如表 2-8 所示。

表 2-8 目标与行动方案

目标	行动方案
通过英语四级	购买复习资料，每天早起背 50 个单词，练习 1 小时听力，阅读 2 篇外文期刊
期末成绩进入专业前三名	课前做好预习，课上积极参与讨论，课后按时完成作业，课余时间在网上自学相关专业知识，并做好笔记
锻炼自己的沟通能力和组织领导能力	竞选学生会，积极参加班级或学校组织的各种活动
掌握市场营销管理方面的理论知识	选修市场营销专业作为第二专业
找一份兼职工作，锻炼自己的销售能力	在各大商场手机专卖店实习

4. 进行评估反馈和调整

在人生的发展阶段，由于社会环境的变化和一些不确定因素的存在，从业人员职业的实际发展进度与原本确立的职业发展目标或行动方案会出现偏差。因此，从业人员要适时地对自己的职业发展目标与行动计划进行评估反馈和调整修正，进而保证职业生涯的顺利发展，最终实现人生的职业理想。

模块二 修身慎行——熟悉职业素养的基本知识

职业素养是指从业人员顺利从事某种职业活动的基本品质或基础条件，主要包含职业道德、职业意识和职业能力等方面。良好的职业素养是企业进行人才选用的第一标准，是个人事业成功的基础。

影响和制约职业素养的因素很多，包括从业人员的受教育程度、实践经验、工作经历和身体健康状况等。从业人员能否顺利就业并在未来职业生涯中获得良好的发展，取决于其职业素养的高低。职业素养越高的从业人员，获得成功的机会就越多。

一、职业素养的基本内容

（一）职业道德

职业道德有广义和狭义之分。广义的职业道德是指从业人员在职业活动中应遵循的行为准则，涵盖了从业人员与服务对象、职业与职工、职业与职业之间的关系。狭义的职业道德是指从业人员在一定职业活动中应遵循的，体现一定职业特征的，调整一定职业关系的行为准则和规范。

（二）职业意识

职业意识是从业人员对职业活动的认识、评价、情感和态度等心理成分的综合反映，是支配和调控全部职业行为和职业活动的调节器，主要包括责任意识、创新意识、安全意识、竞争意识等方面。

（三）职业能力

职业能力是从业人员从事某种职业活动必须具备的多种能力的综合，是从业人员将知识、技能和态度等在特定的职业活动或情境中类化、迁移与整合，最终形成的能够胜任一定工作的能力。

一般而言，职业能力可以通过教育、培训或自我练习而不断提升。例如，随着工作熟练程度的加深和个人工作经验的积累，计算机文字录用人员的文字录入速度会越来越快，准确性也越来越高。

知识视窗

素质冰山模型

素质冰山模型（见图 2-2）是由美国著名心理学家麦克利兰（David C. McClelland）提出的。他将个体素质比喻成一座冰山，以水面为分界线，分为“冰山以上部分”和“冰山以下部分”。

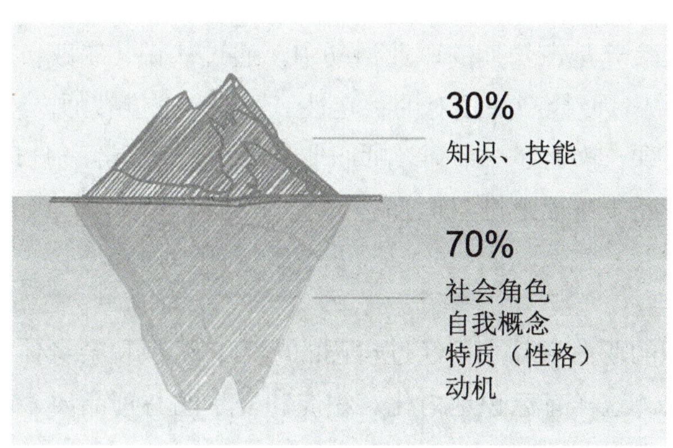

图 2-2　素质冰山模型

“冰山以上部分”是冰山的表面，很容易被看到，包括知识和技能，是个体素质的外在表现，可称为“显性素质”。它不需要深入接触，在短时间内通过简单的观察和分析就能被识别，也比较容易通过培训、锻炼等方法来快速提高和发展。

“冰山以下部分”是深藏水面之下的，不容易被看到，包括社会角色、自我概念、特质和动机，是个体素质内在的、难以测量的部分，可称为“隐形素质”。它对个体的行为与表现起着关键性的作用，必须通过深入接触，以及全面、系统的分析才能被识别，且不太容易因为外界的影响而改变。

从素质冰山模型可以看出，个体素质是由多种要素构成的。这些构成要素处于不同层次，相互作用和影响。而且冰山以下部分才是根基，根基越结实，冰山以上部分才越牢靠。因此，个体在提升专业知识和技能等显性素质的过程中，更要注重隐形素质的提升，牢固树立职业意识，遵守基本的职业道德，全面提高自身的职业素养。

资料来源：百度百科（有改动）

二、职业素养的特征

（一）职业性

不同的职业在工作性质、岗位要求和专业能力方面都存在很大的差异，因此，不同的职业对从业人员的职业素养要求都会有所不同。例如，销售人员需要具有较强的沟通能力和抗压能力，财务人员需要具备完善的财务知识体系和法制观念。

（二）稳定性

从业人员的职业素养是在长期的职业活动中，通过认识、实践，再认识，再实践的过程形成的。它一旦形成，便会产生相对的稳定性。例如，一位教师，经过多年的教学实践，就会逐渐形成关于备课、教学等一系列教师职业素养。这种素养一旦形成，便会持续存在，并随着教学经验的不断丰富而逐渐巩固加强。

（三）内在性

从业人员在长期的职业活动中，经过自己的学习、认识和亲身体验，知道怎样做是对的，怎样做是不对的。这样有意识地内化、积淀和升华的心理品质，就是职业素养的内在性表现。

（四）整体性

从业人员的职业素养是和其整体素养有关的。评价一个人职业素养的高低不能只看某一方面，如一个从业人员的职业道德好，但职业能力差，就不能判定这个人的职业素养好。

（五）发展性

一个人的职业素养是通过教育、自身社会实践和社会影响逐步形成的。社会和职场环境的不断发展和变化，会不断产生新的工作岗位及相应的职业素养要求。为了更好地适应社会和职场环境的变化，满足新的职业或岗位要求，从业人员必须不断地提升自己的职业素养。

三、提升职业素养的意义

（一）有利于提高从业人员的职业竞争力

在追求高效率和不断变化的现代社会中，用人单位对人才的要求越来越高，具备良好职业素养的从业人员在就业竞争中更容易获得用人单位的青睐。此外，从个人职业发展的角度看，职业素养越高的从业人员能在其工作岗位上发挥出更多的潜能，有较强的可塑性，进而能够获得更多的职业发展机会。

课堂活动

有的人认为，职场生态是“适者生存”“达者为先”，要想在职场上获得成功，最应该具备的职业素养就是专业知识和专业技能；而其他的职业素养，如职业道德、职业意识等可以在以后的职场中慢慢提升。

你认为这种说法对吗？为什么？请谈一谈你的看法。

（二）有利于促进企业的良好发展

从企业发展的角度看，员工的职业素养越高，企业需要投入的管理成本越少。因此，提升员工的职业素养，能够帮助企业节省管理成本，提高生产经营效率，进而实现良好发展的目标。同时，具有较高职业素养的员工还可以帮助企业在内部形成良好的团队合作氛围，增强企业的凝聚力，从而推动企业不断创新、不断进步。

（三）有利于促进社会的繁荣与发展

职业素养既关乎个人的成长与发展，又关乎整个社会的和谐与进步。人生事业成就的根本在于职业的成功，国家稳定的根本在于人民安居乐业。如果社会能形成一个人人诚实劳动、精业勤业的良好局面，每个人都能“乐其业”“安其居”，社会就会不断发展和进步。同时，从业人员职业素养的提升，可以促进个人及社会中的各个组织实现良性竞争，从而有利于社会经济结构的调整和经济增长方式的转变，促进社会经济实现可持续发展。

四、提升职业素养的途径

（一）在日常生活中培养

个人的职业素养能在日常生活中得以展现和流露。因此，从业人员在日常生活中要从细节及点滴做起，不断地认识和激励自我，规范自身行为，完善自我管理，有意识地培养自己的职业素养。

（二）在专业学习中训练

知识是能力的基础，离开知识的积累，能力就成了“无源之水”。因此，从业人员要养成良好的习惯，树立终身学习的意识，勤奋学习，积累相应的专业知识和技能，逐渐提高自己的专业能力和实际应用能力。此外，从业人员还应结合经济社会的发展形势，善于将所学的专业知识与其他相关领域紧密联系起来，努力提高自己的核心竞争力。

（三）在自我修养中提高

自我修养是指人们按照社会或组织的要求，经过学习和磨炼，提高自己的职业素质和能力，在各方面进行自我教育和自我塑造，实现自我完善的过程。从业人员要想在自我修养中提高职业素养，应做到以下几点。

（1）明确职业规范。不同行业的职业规范是不同的，从业人员首先要了解自己所从事行业的职业规范内容，并牢记于心，在日常生活中处处以职业规范为标准，严格要求自己，不断规范自己的行为。

（2）自觉控制和调节情绪。健康的心理源于对真善美的不懈追求，从业人员要善于调节和控制自己的情绪，学会选择合适的方式宣泄和排解情绪，如参加跑步、登山、骑车等体育活动或向他人倾诉等，并经常进行自我激励，锤炼自己的意志，从而让自己保持积极乐观的心态。

（3）严格要求自己，不断提高自身的知识水平和思想水平，从而能够更加全面地认识问题和处理问题。

（四）在职场活动中强化

良好的职业素养是衡量员工综合能力的重要指标，而职场是强化职业素养的主阵地。在职场活动中，从业人员可以通过以下方式来提升自己的职业素养。

（1）树立明确的目标。凡事预则立，不预则废。如果没有明确的目标，做任何事情都容易半途而废。只有在目标明确的情况下，从业人员才能随时根据工作的具体情况调整自己的工作状态，有效、快速地完成任务。

（2）不断学习。首先，从业人员要立足岗位，兢兢业业，认真对待工作中的每一个细节，切实增强学习的责任感和紧迫感，真正把学习作为一种工作责任、一种生活方式和一种精神追求，本着缺什么补什么的原则，优化知识结构，丰富知识储备，努力成为本职岗位的行家里手。其次，在实际工作中，从业人员要时时以榜样为目标，观察他们的日常行为，让自己与榜样的距离越来越近，在日积月累中提升自己的职业素养。

（3）培养吃苦耐劳的精神。吃苦耐劳是中华民族的传统美德，也是一个人成就事业的基本条件。俗话说“吃得苦中苦，方为人上人”，从业人员要肯于吃苦、乐于吃苦、敢于吃苦。

总体而言，职业素养是从业人员综合素质的表现，从业人员要想在职场中获得领导的欣赏和同事的认可，就需要通过多种途径来提升自己的职业素养。

课堂活动

测测你的职业素养

用“是”或“否”回答下列问题，测测你的职业素养。

（1）是否喜欢现在的专业？

（2）是否会因为同事之间不和，而在工作上拒绝与其合作？

（3）即使没有奖金，在特定情况下是否愿意加班？

（4）是否具备工作所需的各项职业技能？

（5）是否认为只要完成本职工作就不必太在意出勤率？

（6）在同事工作都不积极的情况下，自己是否愿意随大流？

（7）是否考虑提高自己的专业水平？

（8）自己的工作是否有发展前途？

（9）是否看重和谐的人际关系？

（10）是否有信心把工作做好？

（11）是否能应对艰苦繁重的工作？

（12）是否了解自己以后所要从事职业的职业道德要求？

（13）职业素养在工作中是否重要？

（14）是否有意识地在工作中主动培养自己的职业素养？

（15）是否会对企业保持忠诚？

（16）对工作是否有激情？

（17）对未来的就业前景是否充满希望？

（18）为了能继续从事这个职业，是否愿意接受任何工作安排？

（19）是否会很骄傲地告诉别人自己所从事的职业？

（20）所从事的职业是否会激励自己在工作中追求最佳表现？

（21）是否关心自己所从事职业的未来发展？

（22）为了协助企业发展，是否愿意比平常付出更多的努力？

【评价分值】

回答“是”得1分，回答“否”不得分，将分数相加得出总分数。

【分值点评】

（1）18～22分：你的职业素养较高。你忠于企业，能自觉承担和履行义务，有强烈的进取心，能掌握良好的专业技能，能做到敬业奉献。

（2）13～17分：总的来看，你是一个具备良好职业素养的人，能吃苦耐劳，踏实认真，按时完成工作任务。对于企业来说，你是一个让企业放心的人。

（3）8～12分：你的职业素养一般，常常会对自己的职业感到不满意，对企业缺乏信任，不能安心工作，缺乏爱岗敬业精神。因此，你需要改变心浮气躁、好高骛远的心态，注重自身职业能力的培养与提升。

（4）0～8 分：你的职业素养较低，对自己的职业发展前景较为迷茫，缺乏责任心和主动性，不关心企业发展，需要对自己的职业发展进行合理的规划。

实践活动　分享会——“我的职业素养分析”

【活动背景】

良好的职业素养既是每个企业对员工的基本要求，也是个人事业成功的基础。缺乏职业素养可能会使人一生碌碌无为，与成功无缘；而具备良好的职业素养，会使人少走很多弯路，以最快的速度通向成功。为帮助学生更好地了解自身的优势和劣势，找到自己的职业发展方向，使自己有针对性地加强职业能力训练，提高职业素养，成为一名合格的从业人员，请同学们做一份个人职业素养分析报告。

【实施步骤】

（1）以“我的职业素养分析”为题，从个人性格、职业兴趣、职业道德、职业意识、职业能力等方面分析自己的优势和劣势，并根据自身情况制订职业素养提升的策略和方法，然后撰写一份不少于 800 字的报告。

（2）将个人职业素养分析报告做成 PPT 演讲方案。

（3）按照学号顺序，每位学生在课堂上依次进行个人陈述，限时 8 分钟。

（4）陈述结束后，教师组织学生进行讨论并做总结性发言。

活动评价

采取自评、小组互评和教师评价相结合的方式完成考核评价，并将其结果填写在如表 2-9 所示的考核评价表中。

表 2-9　考核评价表

项目名称	评价内容	分值	评价分数		
			自评	互评	师评
知识与技能考核（60%）	报告内容分析全面，自我评价客观具体	20			
	职业素养提升的策略和方法切实可行	20			
	PPT 制作精美，条理清晰	20			

（续表）

项目名称	评价内容	分值	评价分数		
			自评	互评	师评
综合素质考核（40%）	能够积极地按时完成任务	10			
	仪表端庄，举止大方	15			
	发言时声音洪亮，大胆自信	15			
合计		100			
总评	自评（20%）+互评（20%）+师评（60%）=	教师（签名）：			

复习与思考

一、不定项选择题

1．对个人而言，职业具有（　　）的作用。

A．维持生活　　B．参与社会劳动

C．实现社会控制　　D．发挥个人才能

2．职业是个体谋生的手段。人们以获得一定的现金或实物等报酬为目的，或是以实现自我价值，为社会做贡献，满足精神需求为目的，这些都体现了职业的（　　）。

A．社会性　　B．目的性

C．规范性　　D．时代性

3．依据心理机能的不同，性格可分为（　　）。

A．理智型　　B．情感型

C．抑郁型　　D．意志型

4．决策平衡单的考虑因素主要包括（　　）方面的得失。

A．自我物质　　B．自我精神

C．他人物质　　D．他人精神

5．职业素养主要包括（　　）。

A．职业道德　　B．职业权力

C．职业意识　　D．职业能力

6．不同的职业对从业人员的职业素养要求会有所不同，这体现了职业素养的（　　）。

A．稳定性　　B．职业性

C．内在性　　D．发展性

二、判断题

1．职业仅仅指人们利用专业的知识和技能，获取合理报酬，作为物质生活来源的工作。（　　）

2．依据心理机能的不同，性格可分为内倾型和外倾型。（　　）

3．职业兴趣是兴趣在职业方面的表现，是指人们对某种职业活动具有的比较稳定而持久的心理倾向，是人们在进行职业选择时的重要考虑因素。（　　）

4．从事自己感兴趣的工作就意味着轻松愉快。（　　）

5．职业素养是指从业人员顺利从事某种职业活动的基本品质或基础条件。（　　）

6．职业能力可以通过教育、培训或自我练习而不断提升。（　　）

三、简答题

1．简述职业主要具有哪些特征。

2．简述性格的类型。

3．简述职业选择的步骤。

4．简述职业素养主要具有哪些特征。

四、案例分析

小王刚入职一家公司行政部一年。老李是他的同事，小王刚进公司时，老李还偶尔指导一下小王的工作。小王平时工作很努力，经常加班加点，于是被经理破格提拔为行政部副经理。这让资历更深的老李很不服气，便去找经理理论。于是，有了以下的对话。

老李："经理，请问我在日常工作中，有过迟到、早退或违章乱纪的现象吗？"

经理："没有。"

老李："那是公司对我有偏见吗？"

经理："当然没有。"

老李："但是为什么比我资历浅的人都可以得到重用？我来公司好几年了，却不给我升职加薪呢？"

经理看了看老李，然后说："你的事等下再说，我现在手里有件重要的事，要不你先帮我处理一下？"

老李："好吧。"

经理："有一家客户要来公司考察。你联系一下，看看什么时候来。"

老李："这可真是个重要任务。"

说完，老李愤愤不平地走了。

过了一会儿，他便来到经理办公室，说："联系到了，他们说可能下周过来。"经理问："具体下周几？"老李说："我没细问。"经理问："那他们有几个人？是坐火车还是坐飞机？”老李不耐烦地说：“你也没让我问这些呀。”

经理没再继续追问，而是拿起电话：“小王，有一家客户要来公司考察。你联系一下，电话号码我等会儿发给你。”

半小时后，小王走进了经理办公室，说：“经理，我已经跟那边客户联系好了，他们是乘坐下周三下午两点的飞机，大约下午四点到达。他们一行共有六人，由采购部的赵经理带队。我跟他们说了，我们公司会准时派人去机场接机。他们计划考察两天，具体行程等到了以后，双方再商榷。为了方便工作，我建议把他们安排在公司附近的酒店，如果您同意的话，我马上帮客户预订房间。”

经理：“行，你去办吧。”

小王：“好的，经理。下周天气预报有雨，我会随时跟他们保持联系，一旦情况有变，我会及时向您汇报。”

经理点了点头，转眼看着站在一旁的老张。老张自愧不如地默默低下了头。

问题：小王为什么能够得到升职加薪的机会？

第二篇

实践篇

项目三 职业道德

素质目标

（1）加强职业道德意识，严格遵守职业道德。

（2）培养诚实守信、爱岗敬业的良好品质。

知识目标

（1）了解职业道德的特征、作用和主要内容。

（2）理解诚信的内涵、价值和培养方法。

（3）掌握爱岗敬业的内涵和三种境界。

（4）熟悉增强敬业意识的方法。

能力目标

（1）能够在日常工作和生活中做到以诚为本，讲求信用。

（2）能够在工作岗位上恪尽职守，积极进取。

学习导航

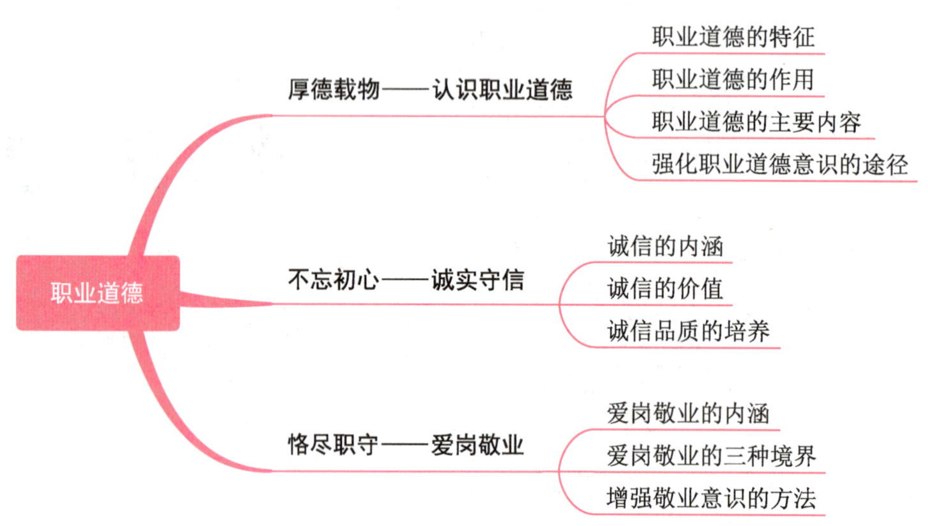

引导案例 汽车维修店的店主

一天，一名顾客走进一家汽车维修店，自称是某大型运输公司的汽车司机。他对店主说："你能在我的账单上多写点零件更换和维修费用吗？我回公司报销后，会将多余的钱分给你一些。"店主听后，毫不犹豫地拒绝了他的要求。

这名顾客继续说道："你放心，我保证每次修车都会来你店里，还会介绍其他同事来你店里。这样一来，你就能赚到不少钱，要不再考虑一下？"店主还是拒绝了他，并表示自己无论如何也不会做这种违背职业道德的事情。

顾客有点生气，他气急败坏地冲店主嚷道："你真是太傻了！你不愿意赚这个钱，自然会有其他维修店愿意赚这个钱！"店主也很生气，他说自己就是不愿意赚这种投机倒把的钱，并要求顾客马上离开。

这时，顾客突然笑了。他满怀歉意地握住店主的手，说："对不起，我刚才吓到您了！其实，我是一家公司的老板，一直在寻找一家值得信赖的汽车维修店。您在面对诱惑时还能保持本心，让我十分敬佩。我希望和您长期合作，您愿意吗？"

资料来源：中国教育在线•考试网（有改动）

思考：为什么顾客希望与这家汽车维修店的店主长期合作？在汽车维修店的店主身上，你看到了哪些珍贵品质？

模块一 厚德载物——认识职业道德

职业道德与人们所从事的职业息息相关，是从业人员在职业活动中应当遵循的基本行为准则。每一种职业都具有相应的职业道德规范，这是社会和企业对从业人员最基本的规范和要求，也是从业人员获得职业成功的基本保障。

一、职业道德的特征

（一）职业性

职业性是职业道德最显著的特征。职业道德是与职业活动紧密相连的，反映了特定职业活动对从业人员行为的道德要求。每一种职业道德都只能规范本行业从业人员的职业行为，在特定的职业范围内发挥作用。例如，行医要有医德，执教要有师德，从艺要有艺德，等等。

（二）实践性

一方面，从业人员的职业生活实践是职业道德产生的基础；另一方面，从业人员只有在实践过程中，才能深入领悟职业道德的精神内涵，把对职业道德的认识转化为规范的职业道德行为，进而锻炼职业技能，强化职业素养。

（三）继承性

在长期实践过程中形成的职业道德会被作为经验和传统继承下来。同一种职业的服务对象、服务手段、职业利益、职业责任和义务等是相对稳定的，不会因社会发展阶段的不同而发生大幅度变动。因此，人们对于同一职业的道德要求也具有一定的历史继承性。

（四）多样性

各行各业都有适合自身行业特点的职业道德规范，不同行业和不同职业的职业道德标准都是不同的。因此，职业道德具有多样性。

（五）时代性

职业道德是人类在长期的职业活动中总结、提炼出来的，虽然不同时代的职业道德有许多相同的内容，但随着职业活动内涵的变化，职业道德也在不断地发展。每一个时期的职业道德，都从一个侧面反映了当时社会道德的现实状况，在一定程度上贯穿和体现着当时社会道德的普遍要求，具有时代性特征。

二、职业道德的作用

职业道德是社会道德体系的重要组成部分，它既具有社会道德的一般作用，又具有自身的特殊作用，具体表现在以下几个方面。

（一）调节职业关系

职业道德的基本职能是调节职能。它一方面可以调节从业人员之间的关系，即运用职业道德规范来约束从业人员的行为，促进从业人员的团结合作；另一方面又可以调节从业人员和服务对象之间的关系，如营销人员要对顾客负责、医生要对病人负责、教师要对学生负责等。

（二）维护和提高企业的信誉

企业的信誉是指企业及其产品与服务在社会公众心中的信任程度。企业信誉的提高主要依靠企业产品和服务的质量，而从业人员良好的职业道德是企业产品与服务质量的有效保证。从业人员的职业道德水平如果较高，就会创造优质的产品，提供优质的服务，从而提高企业的信誉。相反，从业人员的职业道德水平如果不高，则难以提高企业产品与服务的质量，从而使其企业的信誉受损。

（三）促进行业发展

一个行业的发展与从业人员良好的职业操守是分不开的。从业人员只有加强道德自律，恪守职业道德规定，公平竞争，才能营造出公平公正、有效有序的市场环境，进而保证行业的健康、有序发展。

（四）提高全社会的道德水平

一方面，职业道德是每个从业人员对待职业和工作的态度及价值观的表现；另一方面，职业道德是一个职业甚至一个行业全体人员的行为表现。如果每个行业、每个职业的全体人员都具备良好的职业道德，那么就会形成良好的社会风尚，从而促进整个社会道德水平的提高。

三、职业道德的主要内容

职业道德的主要内容有诚实守信、爱岗敬业、办事公道、热情服务和奉献社会[①]。

---

① 本项目模块二和模块三重点讲解诚实守信和爱岗敬业。

（一）诚实守信

诚实守信是职业道德的根本，是从业人员不可缺少的道德品质，也是做人的基本准则。诚实守信是中华民族的传统美德，现代社会更是把诚信作为选人、用人的重要条件。从业人员必须诚实劳动，遵守契约，言而有信，才能在市场经济的大潮中立于不败之地，否则将失去他人的信任，失去社会的支持，失去发展的机遇。

（二）爱岗敬业

爱岗敬业是职业道德最基本、最起码、最普通的要求，是职业道德的基础与核心。爱岗敬业是决定事业成败和成就大小的关键因素。

一个人只有爱岗敬业，才能认真负责地做好自己的本职工作，才能获得更多的发展机会、更大的发展空间，进而精益求精、勇于创造，为社会做出更大的贡献。而那种在岗位上得过且过、在任务面前拈轻怕重、在利益面前斤斤计较、出了问题敷衍塞责的人，注定是做不成大事的。

（三）办事公道

办事公道是从业人员在从事职业活动、行使职业权利时，能够站在客观公正的立场上，按照同一标准和同一原则，公平合理地做事和处理问题。

办事公道是抵制行业不正之风的重要内容，是企业能够正常运行的基本保证，也是从业人员应该具有的基本品质。要做到办事公道，坚持原则，不徇私情，肯定会承受来自各个方面的压力和各种干扰。从业人员要采取灵活策略，不计较个人得失，光明磊落，不怕权势。

（四）热情服务

热情服务是为人民服务的道德核心在职业道德中的具体体现，是职业道德要求目标指向的最终归宿。

一个普通的从业人员，作为群众中的一员，既是他人服务的对象，又是为他人服务的主体。每个人都有权利享受他人的服务，也都承担着为他人服务的义务，这种服务与被服务的关系是双向的，是一种“我为人人、人人为我”的关系。

从业人员要做到热情服务，不仅要树立为人民群众服务的价值取向，为服务对象着想，为群众谋利益；还要熟练掌握服务技能，提高为人民群众服务的能力，进而为服务对象提供热情、周到、耐心的服务。

（五）奉献社会

奉献社会是职业道德的本质特征，体现了职业道德的最高要求、最终目标和最高境界。奉献社会是职业道德的出发点和归宿，自始至终都体现在诚实守信、爱岗敬业、办事公道和热情服务的各种要求之中。

奉献社会是一种对事业忘我的全身心投入，要求从业人员不仅要有崇高的信念，更要有实际的行动。从业人员要做到奉献社会，首先要树立正确的义利观，坚持把公众利益、社会利益摆在第一位；其次要处理好“义”和“利”的关系，处理好个人利益和集体利益的关系，以达到把奉献社会的职业道德规范落到实处的目的。

明德修业

准确把握新时代好青年的标准

青年是国家的未来、民族的希望。广大青年要深刻理解新时代好青年的标准，努力加强自身修养，肩负起新时代青年的历史使命和时代责任，努力成长为新时代中国特色社会主义事业的合格建设者和可靠接班人。

1．有理想，把坚定理想信念作为立身之本

理想指引人生方向，信念决定事业成败。理想信念不坚定，精神上就会“缺钙”，就会得“软骨病”。坚定的理想信念源于对历史的自觉自信、对科学理论的笃信笃行。

2．敢担当，把自觉担当尽责作为成才之基

有责任、有担当，青春才会闪光。青年是最具创新热情和创新动力的群体，蕴含着改造客观世界、推动社会进步的无穷力量。新时代青年要勇做时代的弄潮儿，胸怀“国之大者”，摒弃“躲进小楼成一统”逃避责任的思想和行为，争当伟大理想的追梦人，争做伟大事业的生力军。

3．能吃苦，把特别能吃苦作为成长之途

新时代青年要继承发扬艰苦朴素的优良作风，敢于吃苦、乐于吃苦、善于吃苦，自觉抵制拜金主义、享乐主义等错误思潮，吃得“成长成才之苦”，甘做一颗永不生锈的螺丝钉，在复杂、艰苦的环境中铸就坚忍不拔之志，在学习中增长知识、锤炼品格，在工作中增长才干、练就本领，以真才实学服务人民，以创新创造贡献国家。

4．肯奋斗，把不懈奋斗作为立功之要

奋斗是青春最亮丽的底色，行动是青年最有效的磨砺。首先，新时代青年要勇于砥砺奋斗，做好每一件小事，完成每一项任务，履行每一项职责；其次，新时代青年要练就过硬本领，使自己的思维视野、思想观念、认知水平跟上时代要求，勇做走在时代前列的奋进者、开拓者和奉献者；最后，新时代青年要锤炼品德修为，不断修身立德，带头明大德、守公德、严私德，打牢道德根基。

资料来源：求是网（有改动）

四、强化职业道德意识的途径

职业道德不是一个空泛的概念，它最终要落实到人的职业活动中，通过职业道德行为表现出来。从业人员需要自觉培养和强化自己的职业道德意识，把职业特点与知荣知耻结合起来，树立“以爱岗敬业为荣，以玩忽职守为耻”“以诚实守信为荣，以见利忘义为耻”“以服务群众为荣，以背离群众为耻”的观念。具体而言，强化职业道德意识的途径包括以下几种。

首先，学习职业道德的相关知识。职业道德不是强加给人们的纪律，它的背后包含着深刻的人生价值观和坚实的理论支撑。只有加强对职业道德知识的学习和理解，从业人员才能够真正懂得职业道德规范背后的道理，真正认同职业道德的意义，从而提高职业道德意识，形成职业道德信念，增强培养职业道德的自觉性和积极性。

其次，有意识地在日常生活中培养自己的职业道德习惯。习惯一旦养成，它的力量是无穷的，养成良好的道德习惯，就容易做出正确的道德选择。因此，从业人员应当从小事做起，在日常生活中严守规范，养成遵守职业道德的习惯。

最后，在职业活动中进行培养和强化。通过实践，从业人员可以理论联系实际，在不断学习职业技能的同时，一点一滴地养成良好的职业习惯，强化职业道德意识。

模块二 不忘初心——诚实守信

一、诚信的内涵

（一）“诚”的释义

“诚”的基本含义是真实、诚恳，主要包含以下三层含义。

（1）真诚，是指真心实意、坦诚相待，从心底感动他人并获得他人的信任。真诚是人际交往最基本的要求，是形成良好人际关系的关键要素，所有人际交往的手段、技巧都应该建立在真诚交往的基础之上。在人与人的交往过程中，任何对立与冲突，都能在真诚的言行中调和；任何怨恨与不满，都能在真诚的关怀中消融；任何猜忌与误会，都能在真诚的交流中化解。

（2）忠诚，是指从业人员忠实于服务对象，并对服务对象认真负责。忠诚对于不同行业的从业人员有不同的规定，但其都要求从业人员了解自己的职责范围并理解所承担的责任，敢于承担风险，履行职责时不以权谋私。

（3）诚恳，是指从业人员与人交往时，态度诚实而恳切，不说虚假的话，也指以光明磊落的动机做正确的事。诚恳既是人与人交往的重要法则，又是在职业活动中必不可少的道德品质。

（二）"信"的释义

"信"的基本含义是诚实、不欺，主要包含以下三层含义。

（1）讲信义。信是守信，义即道义。讲信义就是要求从业人员能够遵守与人之间的约定、协议或诺言，不轻易背叛、出卖，有秩序、有规范、有礼仪，知廉耻荣辱，有所为，有所不为。假如一个人不讲信义，那他就无法肩负起对社会、朋友和家人的责任，也就难以在社会上立足。

（2）守信用。信用是指人与人之间相互信任的社会关系，它能够促进人与人之间自觉、自愿地交往。信用是以信任为前提和基础的，是靠长时间的诚实守信行为建立起来的。因此，从业人员在工作中要守好自己的职场信用。

职场信用不可弃

小张是一名高级技术工程师，毕业之后在某大型公司工作了五年多。当小张有跳槽的想法时，一名猎头正好联系到了他，并向他推荐了A公司，还相互约定好了第一轮笔试时间。

然而，到了约定好的时间，小张说自己要开会，希望将时间改到当天晚上，猎头表示没有问题。到了晚上，猎头与小张联系时，没有得到小张的回复。直到第二天中午，小张才与猎头联系，并再次希望将时间改到晚上11点。然而，小张当天晚上又失约了。直至第三天中午，小张仍然没有给猎头回复任何消息。

直到猎头给小张打电话时，他才找借口进行了解释。最终，该猎头也不再联系小张了，然后将这些情况如实转达给了A公司的招聘负责人，并建议终止招聘流程。当小张终于抽出时间准备参加笔试时，却收到了"由于你对此次招聘重视程度不够，屡次爽约，职场信用低，故招聘取消"的回复。

资料来源：百度知道（有改动）

（3）重承诺。诺是指许诺、诺言，遵守诺言、恪守承诺是中华民族的传统美德。承诺一经做出，就应该兑现。言而无信会使自己的名誉受损。因此，从业人员在工作中，不能轻视自己的每一个承诺，一旦承诺，就要做到言出必行；而对于自己力所不及的事情，则不应轻易许诺。

（三）“诚信”的释义

一般而言，诚信是指诚实不欺，讲求信用，强调人与人之间应该真诚相待。在“诚信”一词中，“诚”主要是指人的内在品质，即“内诚于心”；“信”主要是指人的外在行为，是“内诚”的外化，即“外信于人”。“诚信”一词，表达了内在与外在的统一。

“诚”与“信”是一种互促互补的关系。“诚”是“信”的基础，“信”是“诚”的具体表现。只有心中有“诚”，从业人员才能在遵从自己内心真实意愿的情况下，积极履行诺言，做到言而有“信”。

知识视窗

诚信的特征

诚信作为一种道德品质、行为规范和法律准则，有着多种特征。具体而言，诚信的基本特征主要有以下几点。

1. 普遍性

诚信是一种普遍的道德要求，是每个公民都要履行的基本道德义务，也是每个公民行走社会的名片。诚信存在于所有的个体关系或群体关系及其交往过程中，既表现为个体之德，又表现为群体之德，还表现为社会之德。如果社会缺少诚信，那么家庭和组织就无法生成，社会生产活动和生活也就无法进行。

2. 规则性

诚信是建立在规则基础之上的，是对法律法规和契约的真正认同和践行，表现为自觉、自愿地尊重和恪守法律法规、契约等的愿望和意志。只有如此，诚信才能存在于个体或群体之间；也只有如此，诚信才能成为维护社会公共秩序的公民道德准则，成为一种维系市场秩序的经济伦理。

3. 自律与他律的统一

自律是指自我约束；他律是指接受他人的检查和监督。自律与他律的统一是诚信品质养成的必要条件。也就是说，作为一种基本的道德规范，诚信既需要个体的自我约束，也需要他人的检查和监督。

二、诚信的价值

诚实守信是为人之本，从业之要，立国之道。

（一）对个人的价值

对个人而言，诚信是立身之本，是做人做事必须坚守的道德底线。孔子曰：“人而无信，不知其可也。”通过“社会化”，一个人可以从生命体的“自然人”转化成具有社会角色的“社会人”。人在社会化过程中，不仅要学习和掌握社会生活所需要的知识与技能，还要学习社会交往的规则，而遵循不说谎、说话算数等诚信规则，是每个人最早接受的规则教育之一。

同时，诚信也是个人成就事业的基石，无诚则无德，无信事难成。在职业活动中，诚信是从业人员不可缺少的职业素养。从业人员如果对同事诚信，就容易得到同事的信任和帮助，与同事建立起和谐、可靠的共事关系，从而能够更好地开展工作；从业人员如果对领导诚信，就容易得到领导的青睐和重用，从而为自己赢得更多的发展机会；从业人员如果对客户诚信，就会赢得更多的客户，帮助企业获得更多的利益。

相反，从业人员如果失去诚信，就会很难与同事和领导建立良好的关系；从业人员如果与客户在交往中失去诚信，就会给工作带来困难。例如，从业人员如果经常和客户约好了见面的时间和地点，却没有在约定的时间内到达，或者约好了交货日期却无法按时交货等，就会使客户对从业人员失去信任，进一步对从业人员所在的企业失去信任，最终使自己的职业发展受到影响。因此，每个从业人员都应当以诚信为本，真诚待人、信誉至上。

明德修业

信义夫妻：粮食不在，良心要在

2010 年，刘平贵夫妇经营的面粉厂被洪水冲毁。洪水过后，仓库里保存的 760 000 斤小麦受潮发霉，损失高达 80 万元。更让刘平贵夫妇着急的是，这些发霉的小麦是 18 个村的 200 多户村民寄存在面粉厂里的。村民们通常会在有需要时，按照 100 斤小麦兑换 80 斤面粉的标准换取面粉。现在小麦出了问题，刘平贵夫妇需要给村民们一个交代。

面对突发的灾难，有人建议刘平贵夫妇申请破产，把“烂摊子”留给政府处理，而刘平贵夫妇拒绝了这样的建议。他们取出自己的所有积蓄，又向亲戚朋友借了 10 万元，然后重新购买了小麦，让工厂的机器转了起来，保证村民们不管什么时候都能取到面粉。有人看到他们损失严重，就向刘平贵夫妇提议抬高面粉兑换标准，这样可以省下不少钱。刘平贵夫妇也婉言谢绝了。有人担心他们往正常小麦里掺搅变质小麦。为了打消这样的顾虑，他们当着全村人的面，将变质小麦全部拉到了垃圾场销毁。

为了尽快弥补损失，刘平贵的丈夫和大女儿外出打工贴补工厂；刘平贵则守着面粉厂，承诺村民随时都可以兑换面粉。

在全家一起还粮的过程中，由于小麦价格连年上涨，刘平贵夫妇承受的经济损失数额远远高于当年估算的 80 万元。但是，刘平贵夫妇毫无怨言，他们仍旧按照村民的损失还粮，也从没有想过要抬高面粉兑换标准。2017 年，刘平贵夫妇终于还完了欠村民的 760 000 斤小麦，履行了他们当初对村民的承诺。

刘平贵夫妇的还粮事迹被多家媒体报道，得到了社会各界的认可，也使他们获得了“山西道德模范”“全国诚实守信模范”等荣誉称号。

资料来源：央视网（有改动）

（二）对企业的价值

“人无信而不立，企业无信而不存。”诚信不仅是企业的“金字招牌”，还是企业宝贵的精神财富和价值资源，更是企业的兴业之道。

首先，诚信是企业生存和发展的基石。企业对外诚信，不仅能形成强大的吸引力，在市场活动中赢得更多的资源和发展机遇，提高企业的信誉；还能获得牢固的合作伙伴关系，提高客户的满意度和忠诚度，从而在激烈的市场竞争中立足，保证企业经济效益的平稳、健康、可持续的增长。

其次，诚信能够营造良好的企业内部环境。以诚信为本的企业文化能够充分调动员工的积极性、主动性和创造性，更好地增强员工的认同感，提高企业的凝聚力，使企业全体成员牢固树立“诚信为本，操守为重”的从业理念，切实感受诚信对企业的重要性和迫切性，从而自觉以诚信做人，以诚信待人，以诚信沟通客户，以诚信坚守岗位，以诚信捍卫企业利益。实践证明，企业如果不守信用，不讲信誉，践踏道德，就会造成企业内部的人心涣散、效益滑坡。

因此，企业诚信不仅是社会和广大客户对企业的要求，更是企业自身发展壮大的首要条件和立足之本。企业要想在竞争中立于不败之地，必须提高诚信意识，坚持“内诚外信”，破除只重经济效益而轻视信誉的思想，把诚信与企业发展和企业效益结合起来。

（三）对社会的价值

对社会而言，诚信是建立和谐社会秩序的重要抓手，是保证政治、经济、文化和社会建设协调发展的精神支撑，有助于社会的良性运行和持续发展。

诚信缺失会破坏市场经济的正常运转秩序，造成交易双方的相互猜疑，增加交易成本，迫使经济交往活动萎缩甚至夭折，引发社会信任危机，破坏社会风气。例如，一些企业为了眼前的利益制假贩假、偷税漏税、骗汇骗保、恶意透支、虚开票据、伪造票证、发布虚假广告等，或一些个人虚构假成果、假学历、假证件等，都是缺乏诚信意识的表现，容易破坏公平竞争的规则，给社会发展带来严重的不良后果。

课堂活动

你知道哪些与诚信相关的成语、谚语和典故，以及诚信企业经营案例，请与同学们分享、讨论。

三、诚信品质的培养

从业人员可以从以下几个方面落实诚信理念，培养诚信品质。

（一）在生活中坚定诚信信念

从业人员必须认识到，诚信是未来社会的必然要求，是行走社会的通行证。因此，从业人员在生活中要坚决倡导诚信意识，坚定诚信信念，实践诚信行为，铸造自身坚韧不拔的诚信意志。

首先，从业人员应提高自律意识，将诚实守信内化为诚信情感，外化为诚信行为，树立“言必信，行必果”的诚信人格品质。

其次，从业人员要注重修身养性，学会自我约束，在是非面前以正确的价值判断支配自身的行为，学会适时地反思、内省，不断检讨自己，时刻保持清醒的状态，增强自身的诚信意识及理性思维。

（二）在工作中落实诚信行为

1. 忠诚于企业

忠诚是一种责任和义务，也是企业最为看重的职业素养。现在许多企业在用人方面都将忠诚作为识人、用人的首要标准，然后才是个人的能力和素质。

从业人员要忠诚于企业，应将自己的前途、命运与企业的发展紧紧联系在一起；忠于职守，发挥主观能动性，积极做好本职工作；言行一致，时刻做到表里如一，自觉执行企业的各项规章制度；自觉维护企业利益和企业形象，不做任何有损企业利益的事。相关研究表明，忠诚度越高的从业人员，在企业中的地位越稳固，越能得到企业的重视，越容易获得职业发展机会，也越容易实现自己的职业理想和人生价值。

2. 取信于同事

在职场中，良好的人际关系是从业人员顺利开展工作的保障。从业人员要取信于同事，应以诚相待、以信为荣，作风正派，不歪曲事实，不传播小道消息；与团队成员精诚合作、实事求是、坚持原则、信守承诺，不弄虚作假，不营私舞弊。

3. 真诚对待客户

在工作中，从业人员不仅要对自己进行清晰的定位，与客户建立不卑不亢的平等关系；

还要信守合同，注重信誉，在客户心中树立起信得过、靠得住、值得交的良好形象。当与客户产生分歧时，从业人员要充分尊重客户的意见，并及时主动地与客户进行沟通和协商，妥善解决分歧。

模块三 恪尽职守——爱岗敬业

一、爱岗敬业的内涵

（一）“爱岗”的释义

爱岗就是从业人员热爱自己的工作岗位，热爱本职工作，以正确的态度对待各种职业活动，努力培养自己对所从事职业的幸福感和荣誉感。一个人一旦爱上了自己的职业，就会全身心地投入到工作中，就能在平凡的工作岗位上创造出不平凡的成绩。

每个岗位都承担着一定的社会职能。因此，人们在择业和就业的过程中，要从社会需要的角度出发，努力培养自己的职业兴趣，热爱本职工作，抱着“干一行、爱一行”的态度，去适应不同工作岗位的要求。

（二）“敬业”的释义

敬业是从业人员对自己所从事的工作全心全意，用严肃、认真和负责的态度对待自己的工作，勤勤恳恳、兢兢业业、忠于职守、尽职尽责，不推诿扯皮、不遮遮掩掩、不含含糊糊。

敬业于个人而言，是锻炼能力、增长才干、丰富知识、积累经验的必由之路。从业人员只有在本职工作岗位上勤恳努力，才能开动脑筋去刻苦钻研做好工作所需要的知识与技能，潜心研究和把握本职工作的特点与规律，积极面对工作中遇到的矛盾与问题，集中精力、及时主动地解决这些矛盾与问题，创造出良好的工作业绩。

敬业于社会而言，是促进经济发展的重要元素，有利于形成积极、和谐的社会风气。从业人员如果在自己的工作岗位上不能做到尽职尽责、忠于职守，不仅会影响企业的生存和发展，还会给国家和社会带来严重的损失。

因此，每个从业人员都应该把自己的职业看成是为社会做贡献，为人民谋福利，为企业创信誉的光荣岗位，树立健康向上的职业理想。

（三）“爱岗敬业”的释义

爱岗敬业是爱岗与敬业的总称，其实质就是立足岗位，脚踏实地，一步一个脚印地做好工作，兢兢业业地创造一流的工作业绩。

爱岗敬业，精益求精

爱岗和敬业互为前提，相互支持，相辅相成。爱岗是敬业的基石，敬业是爱岗的升华。不爱岗就很难做到敬业，不敬业则不能说是真正的爱岗。从业人员只有做到爱岗，才能敬业，进而激发对工作岗位的无限热爱之情，将工作做到最好。

明德修业

“工人教授”窦铁成

窦铁成是中铁一局集团电务公司供电安装分公司的电力工人，一直从事变配电的安装工作，先后参加了京山、京秦、京九、西延、西康、西南、浙赣等十几条国家重点铁路工程建设和京珠、泰赣等高速公路建设。只有初中学历的他，坚持立足本职工作，通过不懈努力奋斗，最终成为一名技术精湛的高级技师，荣获了“全国五一劳动奖章”“全国知识型职工标兵”等荣誉称号，被人们尊称为“工人教授”。

窦铁成常说：“一个人可以没有文凭，但是不能没有知识和技能。”他克服常人难以想象的困难，坚持在工作中学习，在学习中工作，认真学习和掌握从事本职工作所需要的新知识和新技能，实现了由实干型工人向知识型与技能型工人的跨越。电脑技术兴起时，40多岁的窦铁成从学拼音、练打字开始，虚心学习，结合工作需要掌握了Word、CAD制图等软件的应用。在浙赣线施工中，他用CAD制图法完成了“牵引变电所施工工艺”图纸，成为中铁一局三万名员工中掌握电脑设计、绘制电力图纸的第一人。

窦铁成对工作有着执着的追求，他坚持以“一点也不能差，差一点都不行”的工作态度和“恪尽职守、精益求精”的职业操守，严格执行工作标准和技术规范，参与了一项又一项的优质工程，展现了新时期学习型、知识型、技能型、专家型于一体的工人风采，是广大从业人员的学习榜样。

资料来源：共产党员网（有改动）

二、爱岗敬业的三种境界

爱岗敬业有三种境界，即乐业、勤业和精业。其中，乐业是前提，勤业是根本，精业是动力。从业人员要在工作中乐业实干，勤业苦干，精业巧干，练就自己的“金刚钻”。

（一）乐业

乐业是指喜欢并乐于从事自己的职业。乐业要求从业人员对所从事的工作培养起浓厚的职业兴趣，激发出强烈的崇敬感和自豪感，树立起神圣的事业心和责任心，保持乐观向上的工作态度，以业为乐，以业为进，倡导默默无闻的奉献精神，树立正确的人生观、价值观，甘为人梯，甘当无名英雄，把履行职责作为第一追求。

（二）勤业

勤业是指对事业勤奋，作风不慵懒，态度不懈怠，工作不懒惰。勤业要求从业人员富有锲而不舍的韧劲，勤奋刻苦的工作精神，愚公移山般的意志，从小处着手，从全局着眼，勤于学习交流、勤于问需于民、勤于主动作为，竭尽全力做好本职工作。

（三）精业

精业是指精通专业，以一丝不苟的工作态度对待职业，并不断提高自身的业务水平和工作效率，精益求精。精业要求从业人员不断学习专业知识和职业技能，掌握过硬的本领，把增强本领作为一种基本追求，着力克服本领不足、本领恐慌、本领落后等问题，不断提高履职尽责的能力和本领，不断创新，追求卓越。

课堂活动

你是否具有敬业精神呢？请同学们先根据表 3-1 的敬业程度测试题目，在“不同意”“有点同意，有点不同意”和“同意”三个选项中，选择适合自己的一项并画“√”；然后根据画“√”个数并结合测试结果说明判断自己的敬业程度。

表 3-1　敬业程度测试题目

序号	题目	不同意	有点同意，有点不同意	同意
1	不参与有损公司名誉的行动，即使这种行动并不违反规定			
2	愿意提出对公司有利的意见或方法，不管能否得到相应的报酬			
3	不泄露对公司竞争者有利的信息			
4	在工作的同时，注重自己的身体健康状况			

（续表）

序号	题目	不同意	有点同意，有点不同意	同意
5	愿意接受更繁重的工作任务，承担更多的责任			
6	不拿公司的“一针一线”			
7	在规定的休息时间结束后，立即返回工作岗位			
8	看到有人违反公司规定时，立即向公司领导反映			
9	凡与工作有关的事情，都会注意保密			
10	在业余时间，会钻研业务知识，提升职业技能			
11	愿意积极配合团队成员的工作，帮助同事解决工作中的问题			
12	在提高公司商业利益的场合中，能积极表现			
13	不论在任何场合，都会主动维护公司的利益和形象			
14	把公司利益看得比个人利益重要			
15	专心本职工作，不兼任其他工作			
16	当天没有完成的工作，会在工作时间以外加班加点完成			
17	不论在工作中或在工作以外，都会避免采取任何削弱公司竞争地位的行动			
18	绝不迟到早退			
19	为了保证工作效率，尽力做到劳逸结合			
20	在工作时间内，不做与工作无关的事情			
21	在业余时间，会了解和关注行业和市场动态			
22	愿意购买本公司的产品或服务，尽量不去购买竞争者的产品或服务			
23	能鼓励家庭成员支持有利于公司的行为			

【测试结果说明】

（1）如果“不同意”的项目有 6 个以上，表明你的敬业程度较低，需要好好反思自己的工作态度，调整工作方法。

（2）如果“不同意”的项目有 3～5 个，表明你的敬业程度中等，属于无功无过的类型，但仍需要更加积极主动，提高工作技能。

（3）如果“不同意”的项目有 0～2 个，表明你的敬业程度较高，勤奋认真，如果能一直坚持下去，定会大有所为。

三、增强敬业意识的方法

（一）树立主人翁意识

在工作中，从业人员要牢固树立主人翁意识，着眼于企业的长远利益，主动自觉地与企业同呼吸、共命运。同时，从业人员还要脚踏实地，担负起自己的工作责任，以“当家人”的姿态，振奋精神，勇挑重担，积极进取，实现个人价值与企业发展目标的完美统一。

（二）做好本职工作

从业人员增强敬业意识的首要条件就是要立足本职岗位，认真履行职责。工作不分高低贵贱，所谓“三百六十行，行行出状元”。无论是工作在平凡的岗位还是重要的岗位，无论是在台前工作还是幕后工作，从业人员都不能怨天尤人、消极怠工，而应尽心尽力、埋头苦干、蓄势待发，大力发扬“敬业、精益、专注、创新”的工匠精神，摒弃浮躁，深入钻研，练就过硬的真本领，把各项工作落实到位。

此外，每个从业人员都应对自己的工作岗位怀有感恩之心，不只是把自己的工作看成是谋生的手段，更要把自己的工作作为实现个人理想、使命和追求的方式，积极主动，做到“干一行、爱一行、钻一行、精一行”，争取在自己的本职岗位上有所作为。

（三）积极进取

增强敬业意识不仅要求从业人员努力做好本职工作，还要求从业人员有旺盛的进取意识，充分发挥自己的积极性、主动性和创造性，不断创新，精益求精。同时，从业人员还要牢固树立终身学习的理念，勤于思考，不断思索改进工作的方法，勇于创新，敢为人先，掌握新技术、新工艺，提升自己的职业能力，提高工作效率，努力成为企业的业务骨干和技术尖兵，为企业创造更多的效益。

（四）乐于奉献

奉献精神是敬业精神的升华。首先，从业人员要有高度的责任感和使命感，有愿意为事业拼搏奋斗的决心，树立崇高的职业荣誉感，在个人利益和企业利益发生冲突时，愿意做出一定的个人牺牲；其次，从业人员要克服任务繁重、条件艰苦等困难，勤勤恳恳，任劳任怨，甘于寂寞，乐于奉献；再次，从业人员要克服职业倦怠，用满腔的激情和吃苦耐劳的精神，在自己的工作岗位上孜孜以求、执着拼搏；最后，从业人员要用对工作的激情和乐于奉献的敬业精神，影响和感染周围的人，以共同提高工作效率，完成工作任务，增强企业的凝聚力和战斗力。

实践活动　故事汇——讲述劳模故事，体会职业道德

【活动背景】

职业道德对个人的成才和发展有着重要的意义和决定性作用。为帮助学生树立正确的人生观和价值观，培养学生搜集、处理和整合信息的能力，提高学生的口头表达能力，并以劳动模范自强不息、顽强拼搏的崇高品格，激励和影响学生树立爱岗敬业的优秀品质，请同学们开展一次“讲述劳模故事，体会职业道德”的主题活动，分享各个时代劳动模范的先进事迹和感人故事。

【实施步骤】

（1）全班同学以 4～6 人为一组进行分组，并选出组长。

（2）小组内先进行交流和讨论，然后进行任务分工，分别负责搜集资料、整理资料、制作 PPT、讲故事等各个环节的工作，并将小组成员及分工情况填入表 3-2 中。

表 3-2　小组成员及分工情况

小组成员	姓名	学号	任务分工
组长			
组员			

（3）小组内进行课前排练，选出本组讲得最好的同学作为小组代表在班级中讲述本组的劳模故事。

（4）各组通过抽签的方式决定分享顺序，在课堂上轮流进行故事分享。

（5）分享结束后，由教师逐一进行点评。全班同学通过匿名投票的方式，评选出 PPT 制作得最好和故事讲得最精彩的小组进行奖励。

（6）活动结束后，全班同学每人撰写一份不少于 800 字的心得体会。

活动评价

采取自评、小组互评和教师评价相结合的方式完成考核评价，并将其结果填写在如表 3-3 所示的考核评价表中。

表 3-3 考核评价表

项目名称	评价内容	分值	评价分数		
			自评	互评	师评
知识与技能考核（60%）	准备充分，故事选材得当，具有较强的教育意义	20			
	PPT 图文并茂，制作精美	20			
	叙事条理清晰，声情并茂	20			
综合素质考核（40%）	能够积极参与活动，乐于承担团队任务	10			
	能够与小组成员友好合作，及时沟通	10			
	善于思考，有自己的独特见解	10			
	态度认真，有责任心	10			
合计		100			
总评	自评（20%）+互评（20%）+师评（60%）=	教师（签名）:			

复习与思考

一、不定项选择题

1. 下列不属于职业道德特征的有（　　）。

A. 职业性　　B. 理论性

C. 继承性　　D. 单一性

2.（　　）是职业道德最基本、最起码、最普通的要求，是职业道德的基础与核心。

A. 诚实守信　　B. 服务群众

C. 办事公道　　D. 爱岗敬业

3.（　　）是为人之本，从业之要，立国之道。

A. 诚实守信　　B. 奉献社会

C. 办事公道　　D. 爱岗敬业

4. “信”的基本含义是诚实、不欺，主要包含（　　）三层含义。

A. 讲信义　　B. 守信用

C. 重承诺　　D. 不怀疑

5. 爱岗敬业有三种境界，即（　　）。

A. 乐业　　B. 专业

C. 勤业　　D. 精业

6．下列关于爱岗敬业的说法中，表述正确的有（　　）。

A．爱岗和敬业互为前提，相互支持，相辅相成

B．爱岗是敬业的基石

C．敬业是爱岗的升华

D．爱岗敬业是爱岗与敬业的总称

二、判断题

1．职业道德具有继承性。（　　）

2．职业道德只能调节从业人员之间的关系，而不能调节从业人员和服务对象之间的关系。（　　）

3．办事公道是从业人员在从事职业活动、行使职业权利时，能够站在客观公正的立场上，按照同一标准和同一原则，公平合理地做事和处理问题。（　　）

4．热情服务是为人民服务的道德核心在职业道德中的具体体现，是职业道德的最基本、最起码、最普通的要求。（　　）

5．奉献社会是职业道德的本质特征，体现了职业道德的最高要求、最终目标和最高境界，也是职业道德的出发点和归宿。（　　）

6．敬业于个人而言，是锻炼能力、增长才干、丰富知识、积累经验的必由之路。（　　）

三、简答题

1．简述职业道德的作用。

2．简述职业道德的主要内容。

3．简述诚信的价值。

4．简述爱岗敬业的三种境界。

四、案例分析

小 A 和小 B 是同班同学。两人大学毕业后，因为经济形势不好，都找不到适合自己的工作。于是，他们便降低要求，到一家工厂去应聘。恰好这家工厂缺少两名打扫卫生的职员，问他们愿不愿意干。

小 B 想了想，便下定决心接受这份工作，因为他不愿意毕业后还要靠父母接济。尽管小 A 根本看不起这份工作，但由于找不到更好的工作，他便留下来陪小 B 一起，打算先干一阵子。

可是，小 A 在工作中懒懒散散，敷衍了事。一开始，老板认为他刚毕业，还需要适应一段时间，再加上经济形势不好，比较同情这两名大学生的遭遇，便原谅了他。然而，小 A 一直对这份工作抱有很强的抵触情绪，继续应付自己的工作。三个月后，他便辞职开始

重新找工作，但一直没找到满意的工作。

相反，小 B 在工作中忘掉自己大学生的身份，完全把自己当作一名打扫卫生的清洁工，每天把办公走廊、车间等打扫得干干净净，还经常与车间的老技工们探讨技术知识。半年后，老板便安排他给一位高级技工当学徒。因为工作积极认真，踏实勤快，一年后，他便成为了一名中级技工。尽管如此，他依然怀着高度的敬业精神，在工作中不断进取，认真负责。两年后，经济形势转好，他一懂技术，二有学历，加上同事们对他的评价都不错，便被老板聘为高级助理，经常跟着老板一起会见重要客户。

而此时的小 A 却在一家工厂当学徒。但是，他认为自己是大学生，比那些老员工都有学问，时常不听从公司的工作安排，自恃高傲，不能踏实工作。没过多久，他便被工厂辞退了，又走上了重新找工作的道路。

问题：为什么小 A 和小 B 的工作经历如此不同？

素质目标

（1）培养职业使命感与社会责任感，提升职业道德与修养。

（2）重视日常工作和生活中的细节，培养创新意识，发扬青春正能量。

知识目标

（1）了解责任与责任意识，掌握增强责任意识的方法。

（2）理解创新意识与创新意识的培养。

（3）了解安全意识和常见安全事故的预防与应对的相关知识，掌握提高安全意识的方法。

（4）了解竞争意识，明确竞争意识的基本要求，以及竞争中矛盾化解的方法。

能力目标

（1）能够根据自己的岗位职责自觉增强责任意识与安全意识。

（2）能够跳出思维的局限看待事物。

（3）能够正确看待竞争，并能采取恰当的方式化解竞争中的矛盾。

学习导航

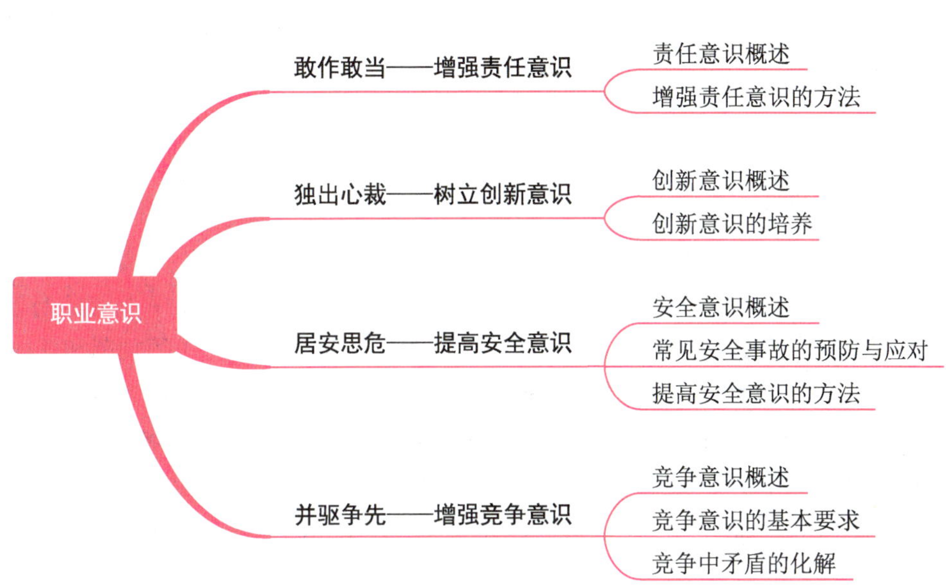

引导案例 不一样的结果

某公司因效益不佳，近期准备裁员。内勤部的小灿和小璐都收到了公司的内部邮件，被告知她们在裁员名单上，须一周后离岗。

得知自己将要被裁员后，小灿和小璐的心情都非常低落。有些和她俩要好的同事知道后，都过来安慰她们。可是，小灿不但不领情，还认为同事们肯定都在背后嘲笑她，于是把同事们都撵走了，然后一个人难过地哭了起来。小璐虽然也很难过，但她努力控制住了自己的情绪，微笑着和同事们说话。

接到裁员通知后，小灿和小璐需要与同事们进行工作交接。交接完工作之后，小灿觉得自己反正也要离职了，工作能少做就少做。当同事找她帮忙时，她就以自己即将离职为由推脱。

小璐交接完工作之后，虽然没有接到新的任务，但是小璐觉得，自己只要在岗一天就应该认真对待工作。因此，小璐调整好状态，主动找到同事，帮助他们做一些零碎的工作。主管看到小璐还在兢兢业业地工作，于是把手头一份急用材料交给小璐去处理。小璐接到任务后，还是和往常一样，认认真真地对材料进行打印、整理、核实，很快就完成了任务。

在离职当天，小灿到人事部结算了自己的工资，收拾好东西便离开了。而小璐却被主管通知不用离职，并交给了她新的任务。小璐感到诧异的同时非常开心，同事们也都高兴地祝贺她。有好奇的同事问主管："为什么小灿走了，而小璐却留了下来？"主管笑着说："小璐的岗位是谁也无法代替的，像她这样的员工，公司永远也不会嫌多！"

思考：为什么小灿走了，小璐却被留下了？小璐在工作中表现出了哪些优秀品质？

模块一　敢作敢当——增强责任意识

一、责任意识概述

（一）责任

责任是指个体分内应做的事，来自对他人的承诺、职业要求、道德规范和法律法规等。责任的含义可以从以下三个方面进行理解：① 个体要根据不同社会角色的权利与义务，做自己分内应做的事，如家庭责任和岗位责任等；② 特定的人对特定事情的发生、发展、变化及其成果负有积极的助长义务，如担保责任和举证责任；③ 由于没能履行角色义务或助长义务，而应当承担的不利后果或强制性义务，如违约责任、侵权责任和赔付责任等。

责任随着个体的社会角色不同而不同。从事不同职业的人也有着不同的责任。例如，教师的责任是教书育人，医生的责任是救死扶伤，军人的责任是保家卫国，法官的责任是秉公执法，等等。只有每个人都认真地承担起自己所应当承担的责任，社会才能和谐运转、持续发展。因此，对每个人而言，责任是一种与生俱来的使命，贯穿于生命的始终。

（二）责任意识

1. 责任意识的内涵

责任意识是指一个人能够认清自身角色所需要承担的责任，并能自觉地履行责任、承担行为后果的意识，是不同社会角色的权利、责任、义务在人脑中的主观映像。责任意识的强弱可以体现出一个人在工作或生活中，对待他人、家庭、组织和社会是否负责任，以及负责任的程度。

需要注意的是，责任意识是建立在对责任的认知与了解责任行为后果的基础上的。也就是说，当决定去做某件事情时，个体必须事先对"怎么做？""是否应该这样做？""为什么这样做？""做完之后会怎样？"等问题进行考虑，并做出必要的准备。如果没有责任意识，个体就不会自觉地承担行为后果，从而造成做事没有效率、执行能力差或任务无法完成等不良后果。

课堂活动

一个人，只有尽到对父母的责任，才是好子女；只有尽到对国家的责任，才是好公民；只有尽到对下属的责任，才是好领导；只有尽到对公司的责任，才是好员工……

请谈一谈你对这句话的看法。

2. 责任意识的作用

责任意识是一种自觉意识，是一种精神，更是一种品格。具体而言，责任意识具有以下两个方面的作用。

（1）激发个人潜能。每个人都有着巨大的潜能。如果想要充分发挥自己的潜能，就必须以最佳的精神状态与负责的态度投入工作中，这就需要个体具备较强的责任意识。责任意识强烈的人，对待工作必然是尽心尽力、一丝不苟，遇到困难时也不会轻言放弃，这将激发出其巨大的潜能，从而促使个人进步。相反，责任意识淡薄的人，对待工作总是消极拖拉、得过且过，其潜能也不可能被激发出来，因而也就无法使自己不断进步，最终只能碌碌无为。

（2）促进个人成功。在职场中，个人责任意识的强弱，不仅会影响其工作效率的高低，而且会影响其职业前途的好坏。相关调查结果显示，在用人单位最看重的毕业生的20项素质中，排在第一位的是毕业生是否具有责任意识。在一项对世界500强企业的调查中也表明，大多数企业都会把责任意识作为对员工的第一考核标准与价值观要求。因此，责任意识强的员工，在工作中更容易得到组织的认可和晋升的机会。

二、增强责任意识的方法

责任意识不是与生俱来的，它需要在理想和目标的指引下，通过教育、学习和实践，按照客观要求逐步建立和稳固，并自觉地维护。只有在责任意识的驱动下，履行社会赋予自身的责任，才能形成真正的责任行为。要想增强责任意识，从业人员应做到以下几点。

（一）明确自身责任

明确自己在工作中所应承担的各种责任，是从业人员增强责任意识的基础。

首先，从业人员要对自己负责。只有本着对自己负责的态度，从业人员才能养成良好的责任意识，从而在工作中发挥出自己的潜能，完成每一项任务。

其次，从业人员要自觉遵守企业的各项规章制度。俗话说，“没有规矩，不成方圆”。规章制度是每个企业能够有效运行的基本法则。从业人员只有自觉遵守企业的各项规章制度，才能明确自己在企业中的责任与义务，做一名有责任感的员工。

最后，从业人员要自觉维护企业的利益与形象，这是从业人员最基本的责任。企业利益与员工的利益息息相关。在遵守国家法律法规的前提下，在维护国家利益的基础上，从业人员应从自身做起，自觉维护企业的利益与形象，并自觉抵制一切有损企业利益与形象的言论和行为。只有这样，企业才能得到良好发展，进而产生更多的经济利益和社会效益，同时为员工提供更好的职业发展平台。

（二）将责任变成习惯

责任不仅是一个理论的范畴，也是一个实践的范畴。只有通过责任实践，养成负责的行为习惯，从业人员才能养成良好的责任意识，并使其成为稳定的心理特征和人格倾向。当责任变成一种习惯时，做事认真负责便会逐渐融入个人的工作态度中；当自觉、自愿地做事情时，个人才不会感觉到麻烦和劳累。

（三）做好本职工作

认真做好本职工作是从业人员对工作负责的最好体现。通常，在事业中卓有成效的人，无论从事的是什么工作，都是用高度的责任心与近乎完美的标准来对待的。因此，从业人员应时刻以高标准要求自己，做任何工作都要精益求精，努力将每一项任务做到尽善尽美。

（四）不断提升自己

对任何一个企业而言，员工的业务能力与水平都是衡量企业是否优秀的重要指标之一。因此，从业人员要认识到自己在企业中的重要性，不断提升自己的专业知识与能力水平，为企业的发展贡献力量。

（五）不推卸责任

人非圣贤，孰能无过。每个从业人员在职场中都难免会有工作上的失误。出现错误时，从业人员必须正视错误，不推卸责任，勇于承担责任，并及时设法补救、改正；同时，还要从错误中吸取教训，避免再犯，以促进自我的成长与进步。

小岛传承使命，初心诠释担当

迎着朝阳，五星红旗在开山岛（隶属于江苏省连云港市灌云县燕尾镇开山岛村）升起，守岛的哨兵对着徐徐升起的国旗立正，敬礼。哨兵说：“王继才一定也在远远地凝望着国旗，他没有走远，也不会走远。”

王继才是开山岛民兵哨所原所长、燕尾镇开山岛村原党支部书记。从 1986 年开始，他和妻子王仕花奉命守卫开山岛。在这座长期没水、没电、缺少物质且面积仅有

0.013 平方千米的国防战略岛上，王继才和妻子亲自动手修缮营房、建设哨所，坚持每天巡海岛、护航标、写日志。不论什么样的天气，王继才都和妻子一起，护送国旗走过 208 级台阶，迎着东方的鱼肚白，徐徐升旗。1993 年，因工作出色，王继才守护的开山岛民兵哨所被国防部嘉奖为“以劳养武”先进单位，并获得“江苏省军区一类民兵哨所”的美誉。

2018 年，王继才在执勤时突发疾病，经抢救无效去世。他 32 年如一日地排除困难、坚守孤岛、为国戍海的事迹感动了无数人。他将孤独、枯燥、清苦的日子过出了价值；他忠于信仰、不忘初心，谱写了壮丽的人生篇章。2019 年 2 月 18 日，王继才获得“感动中国 2018 年度人物”荣誉。2019 年 9 月 17 日，王继才又被授予“人民楷模”国家荣誉称号。王继才虽然再也无法抚摸五星红旗，但是他为国守岛 32 年，把人生最美好的年华都无私奉献给了国防与海防事业，有力捍卫了国家利益。他用一生的行动践行了使命担当，用无悔的坚守诠释了爱国奉献。

资料来源：百度文库（有改动）

模块二 独出心裁——树立创新意识

一、创新意识概述

（一）创新

创新是指以提出有别于常规或常人思路的见解为导向，利用现有的知识或物质，在特定的环境中，本着理想化需要或满足社会需求而改进或创造出新事物、新方法、新元素、新路径、新环境等，并获得一定有益效果的行为。

创新有以下三层含义：一是更新；二是创造新的东西；三是改变。也就是说，并不是只有重大的发明创造才是创新，对各种产品、工作方法、商业模式和服务模式等的改进都属于创新。

（二）创新意识

1. 创新意识的内涵

创新意识是指人们根据社会与个体生活发展的需要，引发创造前所未有的事物或观念的动机，并在创造活动中表现出的意向、愿望和设想。它是人们进行创新活动的出发点与内在动力，是创新思维与创新能力的前提。

2. 创新意识的作用

（1）创新意识是决定一个国家、民族创新能力最直接的精神力量。当今社会，创新能力已成为国家、民族发展能力的代名词，是一个国家和民族解决自身生存、发展问题能力大小的最客观与最重要的标志。

（2）创新意识能够促进社会多种因素的变化，推动社会的全面进步。例如，创新意识的形成与发展可以进一步推动社会生产方式的进步，从而带动经济的飞速发展；创新意识可以进一步推动人的思想解放，有利于人们形成开拓意识、领先意识等先进观念。

（3）创新意识能够促进人的素养的变化，提升人的内在力量。当今社会，不论哪一个行业都需要充满生机与活力、有开拓精神、有现代科学文化素质的人才。创新意识可以引导人们朝这个目标努力，激发人的主体性、能动性、创造性的进一步发挥，从而使人自身的内在素养获得极大丰富和扩展。

二、创新意识的培养

创新意识是可以培养的，从业人员可以从以下两个方面培养创新意识，为以后的工作做好准备。

（一）打破思维枷锁

束缚从业人员思维的枷锁主要有以下五种。在职场中，从业人员要杜绝这几种思维枷锁，打破思维定式，培养创新意识。

1. 从众型思维枷锁

思维从众倾向比较强烈的人，在认知事物、判断是非时，往往会附和多数人的意见，人云亦云，缺乏自己的独立思考与主见。例如，当你和大家发表对某项工作的看法时，发现大家的看法与你的看法不一样或相反，这时你若怀疑自己的看法，认为自己的看法是错误的，并最终放弃了自己的看法，便是一种从众型思维方式。在创新的过程中，这种容易受到外界群体言行影响的思维方式是滞后的，是没有新意的，是从业人员应该杜绝的。

2. 权威型思维枷锁

权威型思维枷锁是指思维中的权威定势。权威定势是指在思维领域，人们习惯于引证权威的观点，不加思考地以权威的是非为是非。例如，人是教育的产物，来自教育的权威定势使人们对“教育权威”的言论不加思考地盲信、盲从，缺少“自我思索、冲破权威、勇于创新”的意识。而一味盲从“教育权威”，人们的思维就失去了积极主动性。因此，不管是哪一方面的权威，从业人员都不能盲信、盲从，要始终带着辩证思维去看待。

3. 经验型思维枷锁

经验是人们从多次实践中得到的知识或技能，具有一定的稳定性。然而，正是因为经验具有稳定性，会导致人们过分依赖甚至崇拜经验，进而形成固定的思维模式，结果就会限制人们的想象力，从而使创新思维能力下降。此外，经验也具有很大的狭隘性，它会束缚人们的思维广度，使人们不能正确地完成信息加工的任务，从而形成片面性的结论。而创新思维要求从业人员必须拓宽思路，大胆展开想象，以不被经验的条条框框所束缚。

4. 书本型思维枷锁

书本是千百年来人类经验与智慧的结晶，它为人们呈现的是系统化、理论化的知识。但是，由于客观事实是不断变化的，加之前人受知识获取条件的局限，导致书本上的知识总会与客观事实存在一定的差距，二者并不完全吻合。倘若人们脱离实际，照搬照抄书本知识，就会使自己受限于书本知识之内，从而束缚创新思维的发挥。

5. 自我贬低型思维枷锁

有的人经历过一些挫折与失败后，做事便没有信心，总认为“我不行，我做不到”，导致其不敢再去尝试，由此形成恶性循环——因没有自信而不去做，因不做而更加没有自信，最终饱受自我批判、自我贬低的折磨。因此，要想创新，任何时候都不要自我贬低，凡事要持乐观态度，并专注自己的长处，勇敢地行动起来。只有积极改变思维与行动方式，从内心深处树立起信心，从业人员才能发现自己的潜力，才能更好地实现创新。

（二）充分激发创新思维潜能

1. 勇于挑战，敢于质疑

阿尔伯特•爱因斯坦（Albert Einstein）曾经说过：“提出一个问题往往比解决一个问题更重要。因为解决问题也许仅是一个数学上或实验上的技能而已，而提出新的问题，却需要有创造性的想象力，且标志着科学的真正进步。”因此，从业人员不要盲目地听从他人，而是要勇于挑战，敢于质疑；要敢于打破对传统、权威、书本的依赖，走前人没有走过的路，创前人没有开创的新事业。

2. 精通所学，兴趣广泛

纵观人类历史，创新绝不是无本之木、无源之水，都是在常规基础上的综合与提高。因此，唯有打牢基础知识，才有可能实现创新。因此，从业人员应精通所学专业，并培养广泛的兴趣爱好，以扎实、系统的专业知识，开阔的视野与丰富的技能，促使自己“灵感乍现”。

3. 留心观察，善于发现

在生活中，只要留心观察，就能从一些细小的地方或平常的事情中获得知识。这些知识如同粒粒沙子，经过日积月累，就能够堆成一座座沙丘，进而为创新奠定基础。历史上有不少科学家都是通过留心观察生活中一些极其普遍的现象而萌发奇想，并以其大胆地思考而改变了世界。例如，詹姆斯•瓦特（James Watt）因留心茶壶盖在水烧开后的跳动而发明了蒸汽机；艾萨克•牛顿（Isaac Newton）因留心树上苹果会落地而发现了地球的万有引力等。

“90后”女孩剪纸中创出大事业

王某是一名“90后”学生，她发明了磁性剪纸专利产品。与传统的镂空剪纸相比，磁性剪纸解决了剪纸容易被撕破、变色及张贴不方便的问题。此外，磁性剪纸使用的是环保材料，可以循环利用。

提起磁性剪纸的发明过程，王某笑着说：“这纯属偶然。”有一次，在帮亲戚装扮婚车时，王某发现，剪纸虽然漂亮，但用起来很不方便。于是，她就和父亲商量，想找到一个既不破坏传统剪纸的艺术效果，又便于张贴的好办法。父女两人很快就投入到了发明中。经过反复试验，王某终于找到了一种特殊的磁性材料来代替传统的剪纸材料。使用该材料剪出的剪纸可吸附在铁质的物体上，用水或清洁剂喷在其背面，还可以轻易地将剪纸黏贴在玻璃等光滑物体上，并且不易被撕破。

之后，王某借助此项发明创办了一家磁性剪纸文化创意公司。在不到一年的时间里，她的公司已经发展了多家加盟商，仅此一项的经济收入就达到了30余万元。

资料来源：百度（有改动）

4. 刨根问底，坚持不懈

精神文明的追求是无尽无休的，人们的学习也一样。从业人员要想实现创新，就要把刨根问底、坚持不懈的精神运用到工作与生活中，探究各种事物的本源及实质，不断钻研，锲而不舍，一步步地寻找正确的结果。只要拥有坚定的意志，对待事情精益求精，不懈探索，这种坚持就会成为创新的推动器，最终帮助人们实现梦想。

5. 大胆想象，敢于假设

创新意识作为一种复杂的心理活动，来源于想象。可以说，想象力是创新的基础。古今中外，许多伟大的科学家、思想家、艺术家都具有丰富的想象力，许多伟大的科学理论和发明创造也都萌芽于想象。

模块三 居安思危——提高安全意识

一、安全意识概述

安全意识是指人们头脑中建立起来的工作或生产必须安全的意识，是一种对各类可能对自己或他人造成伤害的外在环境条件的戒备与警觉的心理状态。具体而言，安全意识主要有以下几种表现形式。

（1）安全第一。“安全第一”是做好一切工作的前提，也是落实“以人为本”的根本措施。在工作中，从业人员坚持安全第一，不仅是对自身的生命负责，也是对企业负责。

（2）预防为主。“预防为主”是实现“安全第一”的前提条件，也是实现“安全第一”的重要手段与方法。虽然人们还不可能完全杜绝危险事故的发生，实现绝对安全，但只要积极探索规律，采取有效的事前预防与控制措施，做到防患于未然，将危险事故消灭在萌芽状态，就可以逐渐减少危险事故的发生次数。

（3）遵守法律法规。随着人们法律意识与法制观念的进一步提高，从业人员在步入职场前，会通过不同渠道了解与掌握相关行业的法律法规，增强法律法规意识，并自觉遵法律法规。

（4）自我保护。自我保护是个体保护自己的一种自发性行为，即通过一些合理手段保护自身安全或财产安全。从业人员在职场中要保护好自己，这既是对自己负责，也是对他人负责。

二、常见安全事故的预防与应对

（一）火灾事故的预防与应对

火给人类带来了光明与温暖。然而，当火燃烧的时间过长或燃烧的面积过大以至于难以控制时，火就会给人类带来灾难。随着社会的发展，在社会财富日益增多的同时，导致火灾发生的危险因素也在增多，火灾的危害性也越来越大。

如何在火灾中逃生？

1. 火灾事故的预防

（1）安全用电与用火。例如，办公室内不要私自乱拉乱扯电源，充电器使用完毕要及时拔掉；离开办公室时应切断电源，以防止线路发热，继而导致起火。

（2）杜绝火灾隐患。例如，遵守企业安全管理规定，使用相关仪器、设备前，应认真检查其电源、火源及辅助仪器设备的安全情况，仪器、设备使用完毕，应关闭电源、火源、气源等。

（3）掌握火灾逃生要领。从业人员应积极参加消防知识讲座，细听消防人员讲解火灾案例，了解各种火灾预防知识及灭火的基本方法，牢固掌握火灾逃生要领。此外，从业人员还要熟悉自己工作场所的建筑物的结构、逃生路线及建筑物内的消防设施。

2．火灾事故的应对

当火灾发生时，从业人员一定要保持冷静，灵活应对。

（1）若火势较小，可以利用附近的消防器材（如灭火器、消防栓、自来水等）将火扑灭，同时还应呼喊其他人参与灭火与报警。若火势已开始蔓延，不再具备快速扑灭的可能性，则应尽快逃离火场。

（2）从室内逃生时，应先触摸房门及门锁，若门锁温度较高，则说明大火或烟雾已封锁房门口，此时切不可打开房门，而应关闭房间内的所有门窗，用毛巾、被子等堵塞门缝，并泼水降温，同时打电话报警。若门锁温度正常或门缝没有浓烟进来，说明大火距离自己尚有一段距离，此时可开门观察外面通道的情况。在确信大火目前未对自己构成威胁后，尽快逃离火场。

（3）逃生前，最好用水将衣服浇湿，用湿毯子裹住全身或用湿衣服包住头部等裸露部位。这样穿过着火区域时，身上的衣服不易着火，身体裸露的部位不致被烧伤。万一衣服着火，可就地打滚压灭火苗，千万不要带火奔跑，以免加快空气的相对流动，使火势变旺。

（4）逃生时应选择安全出口，不要乘坐电梯。同时，要用湿毛巾捂住口鼻，防止吸入烟雾，然后弯腰低头迅速撤离。通过浓烟区时，要尽可能以最低姿势或匍匐姿势快速前进，不要向狭窄的角落退避，如墙角、桌子底下等。

（二）触电事故的预防与应对

触电是指人的身体直接接触电流的现象。电流通过人体内部时，会破坏人的心脏、肺部和神经系统等，使人出现痉挛、窒息、心室颤动、心搏骤停甚至死亡；电流通过身体表面时，会对人体外部造成局部伤害，如电灼伤、电烙印（指电流化学效应与机械效应产生的电伤）等。

1．触电事故的预防

在办公区域，从业人员应使用符合国家用电安全标准的电器，不要贪图便宜购买劣质的电器、开关或插座等；不要用手直接接触带电工作的设备、裸露的线头与电线；不要用湿手、湿布触摸或擦拭带电的灯泡、开关或插座；等等。此外，从业人员还应积极参加安全用电知识讲座，学习安全用电常识，牢固树立安全用电意识。

2．触电事故的应对

当有人触电时，从业人员应先迅速切断电源，并穿上胶鞋或站在干的木板凳上，戴上塑胶手套，用不导电的物体（如干的木棍）拨开电线，然后根据不同情形对触电者采取不同的施救措施。

（1）若触电者神志清醒，呼吸心跳均可自主，可让其就地平卧，密切观察，暂时不要让其站立或走动，防止其继发休克或心衰。

（2）若触电者呼吸停止，但脉搏存在时，可让其就地平卧，解松衣扣，通畅气道，立即进行人工呼吸，若有条件，可实施气管插管，加压给氧气；若脉搏消失，但呼吸存在时，应立即为其做胸外心脏按压。

（3）若触电者呼吸和心跳均停止，在进行现场抢救时，应以 2∶30 的比例进行人工呼吸及胸外心脏按压，即每进行两次人工呼吸，就需要做 30 次胸外心脏按压。人工呼吸和胸外心脏按压不得中途停止，直到急救人员到达后采取进一步的急救措施。

（4）若触电者有皮肤灼伤，可用干净的水冲洗并拭干，再用纱布或手帕等包扎好以防感染。

（三）电梯突发事故的预防与应对

随着高楼大厦的增多，电梯的使用频率也逐渐增高。日常生活中常见的电梯有厢式电梯（多用于宾馆、写字楼和居民住宅）和自动扶梯（多用于超市、商场）两种。其中，厢式电梯属于封闭结构，也是电梯安全隐患与安全事故的多发地。此处以厢式电梯为例介绍电梯突发事故的预防与应对。

1. 电梯突发事故的预防

一般而言，电梯轿厢内或者出入口的明显位置会张贴安全注意事项、警示标志和有效的“安全检验合格”标志。“安全检验合格”标志上标有所属电梯的检验单位、维保单位和下次检验日期，是电梯安全与否的直观说明。从业人员如果发现“安全检验合格”标志上的下次检验日期早于当前日期，应尽量避免乘坐该电梯。

在乘坐电梯时，从业人员不要在电梯内蹦跳、打闹；不要携带易燃易爆物品或者危险化学品；不要拆除、毁坏电梯的部件或者标志、标识；不要运载超过电梯额定载荷的货物等。

2. 电梯突发事故的应对

当电梯发生故障时，从业人员首先应按下电梯按键区的警铃报警，并利用电梯内的电话或对讲机向工作人员求助。若无人应答，可用力拍门叫喊，发信号求救。若依然无人回应，则需安静等待，观察动静，保持体力，等待营救。需要注意的是，被困电梯时，从业人员千万不要强行扒门或扒撬电梯顶部的安全窗，以免带来更大的人身伤害。

三、提高安全意识的方法

（一）保持清醒，防患于未然

在工作中，从业人员要坚持“安全第一，预防为主，综合应对”的方针，始终保持清醒的头脑，严格落实安全制度，时常查找工作环境中的不安全因素与各类事故隐患的苗头，并及时采取有针对性的整改措施，防患于未然。

（二）积极参加安全教育培训

为保证自身安全与生产安全，从业人员要积极参加企业组织的安全教育培训。对于特殊岗位，从业人员还需经过考核合格，取得特种作业证之后方可上岗。

（三）加强学习

丰富的知识有助于提高人的安全意识。例如，学习安全生产法律法规，可以使从业人员增强法制观念，在工作中自觉依照法律法规工作；学习岗位操作规程及设备操作说明，可以使从业人员掌握操作规程，明白机械设备的技术性能与使用注意事项；学习安全常识，可以使从业人员增强自我防护的能力；等等。

课堂活动

某化工厂维修班电工汪某，在检修二级中控配电室低压电容柜时，在未断电的情况下，直接用手钳拔插保险，导致手钳与相邻的保险搭接引起了短路，形成的电弧（一种气体放电现象）使其双手、脸部、颈部大面积严重灼伤。同时，电气短路烧毁了电容柜许多电气元件，给化工厂带来了较大损失。事故发生后，汪某被及时送往医院，因救治及时，顺利脱离危险。

请你分析发生上述事故的原因，并说一说该类事故应如何预防。

模块四　并驱争先——增强竞争意识

一、竞争意识概述

（一）竞争

竞争是指为了自己或所在团队的利益而跟他人争胜。竞争是社会的普遍现象，可以推动个人或企业的进步。没有竞争的压力，就没有拼搏求胜的动力。但是，竞争中希望与风险并存。面对一个又一个的竞争，任何人都不可能是永远的获胜者，因此，人们要理性对待竞争，从而做到胜不骄、败不馁。

（二）竞争意识

竞争意识是指个体以个人或团体力量力求压倒或胜过对方的一种心理状态。竞争意识可以使人振奋精神，努力进取，促进事业的发展，它是现代社会中个人、团体乃至国家发展过程中不可缺少的心态。有竞争的社会，才会有活力；有竞争意识的人，才会奋发图强，最终实现自己的理想。

二、竞争意识的基本要求

（一）积极进取，敢为人先

在职场中，竞争是一个普遍现象，无论是评优、升职或加薪，每一个环节都离不开竞争。但实际上，许多从业人员害怕竞争。究其原因，往往是害怕失败，害怕自己在努力之后仍没有他人优秀。但是，害怕竞争并不代表可以逃避竞争，从业人员应摆正自己的心态，积极进取，无畏竞争。

1. 在竞争中克服失败的恐惧

有竞争就会有失败。当失败来临时，有的从业人员能够表现出超强的冷静与自信，有的从业人员则会表现出对失败的忧虑与恐惧。

为了克服竞争失败带来的恐惧，更好地适应并立足于当今竞争社会，以实现自己的理想与抱负，从业人员必须培养自己的抗挫折能力，增强自我适应能力，磨炼自己的意志，进而从容应对职场中的各种竞争与挫折。

2. 既要勇于竞争，又要善于竞争

竞争会带来机遇，不仅能够推动企业向前发展，也能够激发从业人员更多的潜能。因此，从业人员要树立竞争意识，既要勇于竞争，又要善于竞争。

勇于竞争是指要不惧失败，勇敢地参与竞争。勇于竞争的重点在于培养自信心与创新意识。一般而言，只有具备自信心，方能在竞争中充满激情与战斗力；只有具备创新意识，敢为人先，方能形成独特的个性，进而在竞争中抓住机遇，不断突破自己，超越他人，并展示自己的优势、才华、个性，以得到社会的认可。

善于竞争是指从业人员应遵循社会竞争的规范与法则，掌握竞争的技巧与方法，讲道德，讲风格，公平竞争。

课堂活动

有人说：“逃避竞争其实就是逃避生活。”这句话合理吗？请谈一谈你的看法。

（二）勇于实践，提高竞争实力

1. 培养危机意识

当今社会的就业形势是“能者上，平者让，庸者下”，竞聘上岗，优胜劣汰，从业人员稍有懈怠，随时都有失业的可能。从业人员如果缺乏忧患意识与危机感，对工作敷衍了事、安于现状、不思进取，那么便会错过许多良机，还有可能面临失业。因此，从业人员

要多培养自己的危机意识，时刻有紧迫感，督促自己不断学习，提高自身的竞争实力，以从容应对各种竞争。

2. 提高职业素养

一个人的竞争实力不是单纯的争强好胜，它既要求个体有较强的竞争意识，也要有良好的职业素养。激烈的就业竞争主要是职业素养的竞争。因此，从业人员不仅要确定好职业目标，学好专业理论知识和技能，强化职业能力等显性职业素养；还要重视职业道德、职业意识、心理素质、沟通能力和团队合作能力等隐性职业素养的提升。因为在职场中，与显性职业素养相比，隐性职业素养在广阔的行业领域能够更加有效和持久地发挥作用。

3. 做到知己知彼

为了增强自己的竞争实力，提高在竞争中取胜的把握，从业人员必须做到知己知彼，既了解自己的优势和劣势，又了解竞争对手与环境条件（如时间、地点、政策和人际关系等）。

例如，在就业竞争中，每个人都应该根据自己的优势和劣势与用人单位的招聘要求去实现能力与职位匹配，以求成功择业；在与同事的竞争中，能否做到知己知彼，关系到工作绩效的高低与个人发展前景的好坏；在与同行的竞争中，如果能够真正了解彼此的长处与短处，就可以扬长避短、取长补短，从而保证自己在竞争中处于优势地位，以提高成功的概率；等等。

知识视窗

竞争与合作的关系

随着社会分工越来越细，一个人已经不太可能面面俱到，每个人都需要借助他人的智慧来完成自己人生的超越。因此，合作就成了一种无法替代的现代工作方式与职业需求。也正因如此，职场中既充满了竞争与挑战，也充满了团结与合作。

由此可见，竞争与合作是相伴而行的。竞争离不开合作，竞争获得的胜利常常是某一群体内部或多个群体之间通力合作的结果；同样，合作也离不开竞争，竞争促进合作的广度与深度，合作又反过来增强竞争的实力。正是这种竞争中的合作和合作中的竞争，推动着社会的不断发展和进步。因此，从业人员一定要协调好竞争与合作的关系，既要有竞争意识，还要有合作精神。

三、竞争中矛盾的化解

在职场中，任何从业人员都不可避免地要面对竞争。激烈的竞争常会导致很多尖锐的矛盾，而这些矛盾一旦处理不当，就可能给从业人员的工作或生活带来麻烦。

（一）消化个人情绪

竞争中的双方或多方往往都有着比较强烈的胜负欲，其情绪也会比较高涨。如果不能很好地控制自己的情绪，从业人员的言行举止很容易过激。

但竞争中发生矛盾时，为了不让消极的情绪进一步给彼此的关系带来伤害，从业人员可以通过暂时停止接触或离开矛盾情境等方式来消化自己的情绪，以避免激化矛盾。

（二）明白本质，恰当表达

为需要沟通以解决竞争中发生的矛盾时，从业人员一定要提醒自己沟通是为了解决问题，而非宣泄情绪。因此，在沟通过程中，从业人员要保持理性、明确目的，用恰当的方式客观地进行表达，真实描述事情的经过，理性表达自己的感受，尽量少判断、少评定，做到对事不对人、不扩大、不泛化。此外，为了使自己的表达更容易被对方所接受，从业人员要学会换位思考，在与对方沟通之前，不妨先说给自己听听，看看自己能否接受、是否认同。

实践活动　辩论赛——责任与能力，哪个更重要

【活动背景】

职场中，离不开“责任”“能力”这两个词。有的从业人员往往会因为自己的工作能力强而摆出一副高高在上的姿态；而有的从业人员虽然工作能力并不突出，但工作态度积极、责任感强。为帮助学生进一步理解职场中责任与能力的关系，提高口语表达能力与逻辑思维能力，请同学们以“责任与能力，哪个更重要”为题进行一场辩论赛。

【实施步骤】

（1）事先熟悉辩论赛流程及规则。

① 陈词阶段：按照先正方后反方的顺序进行，时长为 6 分钟。各方陈词由一辩手一次完成，时长为 3 分钟。倒计时结束有哨声提示，此时必须停止发言。

② 攻辩阶段：时长为 12 分钟。正反方的二辩手、三辩手进行攻辩（二辩手、三辩手各有一次且必须有一次为攻方）；攻辩从正反方的二辩手开始，交替进行（先正方后反方），辩方可由攻方任意指定，不受次数限制。攻辩双方必须单独完成攻辩，中途不得更替辩手。正反方辩手必须站立完成每一轮攻辩，落座即视为完成本方攻辩。

③ 自由辩论阶段：各方辩论时长为 4 分钟，共 8 分钟。正反方辩手轮流发言，一方发言的辩手落座即代表其发言结束，另一方辩手必须紧接着发言；中途若有时间间隔，将计入总时长内。同一方辩手的发言顺序不限。如果一方的发言时长全部用完，另一方可连

续发言。

④ 总结陈词阶段：各方发言时长为 4 分钟，共 8 分钟。各方由四辩手总结陈词，反方先发言。

（2）全班同学推选出一名具有较强的应变能力、即兴发挥能力和组织能力的同学担任此次辩论赛的主持人；并邀请辅导员或其他任课教师（3～5 名）担任评委。

（3）除主持人以外的同学分成两组，并选出组长。

（4）各组组长通过抽签确定辩论的正反方。

（5）各组成员推选 4 名语言表达和情感表达能力强的同学作为一辩手、二辩手、三辩手、四辩手。

（6）赛前以小组为单位进行审题、立论、搜集资料、制订战术、撰写辩词等准备工作，并进行模拟演练。

（7）主持人发言，明确比赛注意事项后，开始辩论。

（8）辩论赛结束后，评委对各组的表现进行全面点评。

活动评价

采取自评、小组互评和教师评价相结合的方式完成考核评价，并将其结果填写在如表 4-1 所示的考核评价表中。

表 4-1　考核评价表

项目名称	评价内容	分值	评价分数		
			自评	互评	师评
知识与技能考核（60%）	能够采用恰当的方法搜集资料，为辩论赛做准备	10			
	对所持立场有多层次、多角度的理解	20			
	能够准确地把握辩题的内涵与外延	20			
	对责任与能力有较为全面的认识	10			
综合素质考核（40%）	衣着整齐，仪态大方，体现出良好的风度与气质	10			
	具备团队精神，能够积极与他人开展合作	10			
	态度认真，积极参与实践活动	10			
	敢于创新，勇于表现，临场应变能力强	10			
合计		100			
总评	自评（20%）+互评（20%）+师评（60%）=	教师（签名）：			

复习与思考

一、不定项选择题

1. 下列选项中，属于责任意识作用的是（　　）。

A. 激发个人潜能　　B. 促进个人成功

C. 营造学习氛围　　D. 维护企业形象

2. 安全意识的表现形式有（　　）。

A. 安全第一　　B. 遵守法律法规

C. 预防为主　　D. 自我保护

3. 如果没有（　　），个体就不会自觉地承担行为后果。

A. 责任意识　　B. 安全意识

C. 团队意识　　D. 危机意识

4. 束缚从业人员思维的枷锁主要有（　　）。

A. 从众型思维枷锁　　B. 权威型思维枷锁

C. 书本型思维枷锁　　D. 经验型思维枷锁

5. 下列关于竞争的说法中，表述正确的是（　　）。

A. 竞争无时不在，无时不有

B. 既要勇于竞争，又要善于竞争

C. 有竞争意识的人，才会奋发图强，实现自己的理想

D. 为了胜利，在竞争中可以不择手段

6. 下列关于火灾事故的应对，表述正确的是（　　）。

A. 若衣服着火，可就地打滚压灭火苗

B. 若火势较小，可以利用消防器材灭火

C. 逃生时应乘坐电梯，迅速逃离火灾现场

D. 逃生前，最好用水将衣服浇湿

二、判断题

1. 责任只来源于对他人的承诺、分配的任务和上级的任命。（　　）

2. 竞争只会带来冲突与矛盾，所以，从业人员要尽量少参与竞争。（　　）

3. 从业人员多参加企业组织的安全教育培训，可以提高自身的安全意识。（　　）

4. 竞争可使获胜者骄傲自大，使失败者自卑，且容易使失败者产生忌妒心理。因此，竞争不利于社会的发展与个人的进步。（　　）

5. 思维从众倾向比较强烈的人，往往会附和多数人的意见，缺乏自己的独立思考和主见。（ ）

6. 从业人员要想培养危机意识，可督促自己不断学习，提高自身的竞争实力。（ ）

三、简答题

1. 简述增强责任意识的方法。
2. 简述提高安全意识的方法。
3. 简述竞争意识的基本要求。
4. 简述如何化解竞争中的矛盾。

四、案例分析

一家电脑销售公司的老板吩咐三位员工去供货商那里调查供货情况。

第一位员工并没有去供货商那里调查，而是找到同事，向他们了解本公司之前采购电脑的具体情况，然后将所了解的信息进行汇总，便急忙向老板做了汇报。

第二位员工用了一上午的时间跑了三家供货商，分别对三家供货商的电脑配货情况做了调查与记录，然后向老板做了汇报。

第三位员工用了一整天的时间跑了市里所有能找到的供货商。他对这些供货商的供货渠道、产品状况和销售情况等都做了调查与记录，并对这些供货商的产品做了详细的比较，最后制订了一个购买方案。当他把自己的调查方案交给老板时，老板大加赞赏，当场奖励了他。

问题：

（1）请从责任意识的角度出发，说一说案例中第三位员工的责任意识体现在哪些方面。

（2）在日常工作和生活中，人们应如何培养自己的责任意识？请谈一谈你的想法。

素质目标

（1）有意识地培养自身职业能力，提升未来职业竞争力。

（2）重视沟通能力，培养团队合作能力，强化执行能力。

知识目标

（1）熟悉职业能力的基础知识，掌握职业能力的了解途径。

（2）了解沟通的基础知识，掌握职业沟通能力的提升方法。

（3）理解团队合作的内涵、作用和原则。

（4）掌握执行能力的内涵和提升方法。

（5）了解创新能力的基础知识，掌握常见的创新思维方式和创新方法。

能力目标

（1）能够通过多种途径了解个人的职业能力水平。

（2）能够不断提升自己的沟通能力、团队合作能力、执行能力和创新能力，以适应社会各行业岗位工作需要。

学习导航

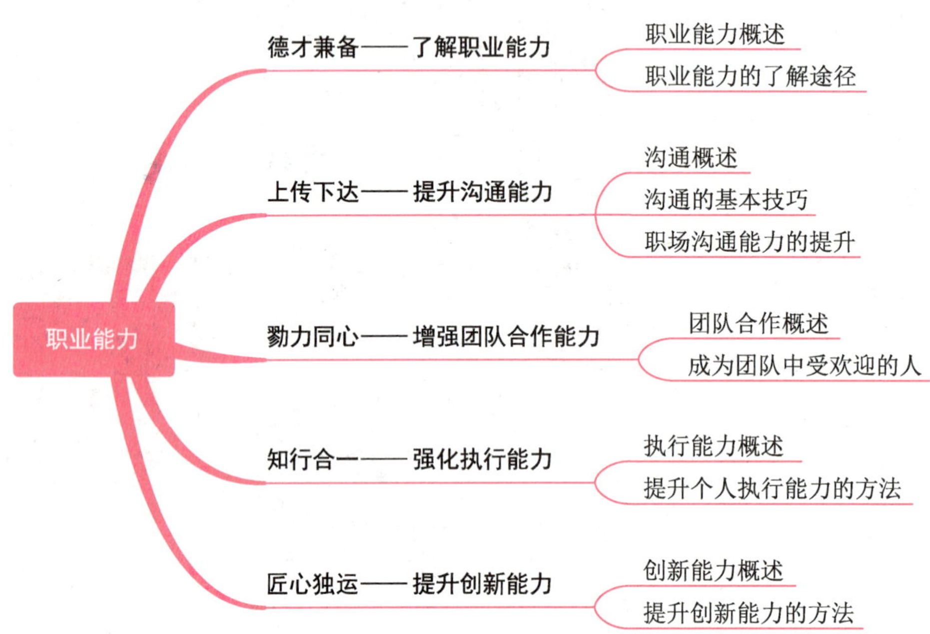

引导案例　推木箱的小故事

有一次，一家大型公司要招聘两名员工，很多人前来应聘。经过初步筛选，有 10 个人进入最终的面试环节。

这 10 个人在工作人员的引导下，来到一个大房间。他们发现，房间里有 10 个很大的木箱，还有一些木棍、绳子和锤子等工具。主考官要求他们每人负责一个木箱，并将木箱移到指定区域，限时 30 分钟。

可是，这些木箱很沉，一个人想搬起一个角都很困难，更别说推动了。于是，大家开始争抢工具，想尽各种办法移动木箱。

时间结束后，主考官发现只有两个人将木箱推到了指定区域，其余八个人都没能完成任务，有的甚至没能把木箱移动丝毫。

主考官问那两个完成任务的人："你们是怎么推动木箱的？"他们回答："我们两个人合作，将绳子接在一起，再用绳子捆住木箱，一个人在前面拉，一个人在后面推，完成一个木箱后再一起推另一个木箱。"

主考官微笑着说："恭喜两位正式成为我们公司的员工。这次测试的本意就是要告诉大家，在我们公司，虽然具有竞争意识很重要，但是我们更注重员工是否具有团队合作精神。”

思考：你从这个故事中得到了哪些启发？

模块一　德才兼备——了解职业能力

任何一个职业岗位都有相应的职责要求，从业人员只有具备一定的职业能力，才能更好地胜任某种职业岗位，取得更好的工作绩效，获得更多的职业成就感。

一、职业能力概述

（一）职业能力的特征

1. 应用性

职业能力的培养是以社会需求和市场需要为目标，以技术应用能力为主线，侧重于各种基本能力在职业活动中的具体应用，而且更多地表现为行业性特点，主要是在生产、技术、管理和服务等不同领域发挥作用。

2. 复合性

职业能力是多方面、多层次、多领域的复合体。特别是在知识经济时代，企业对从业人员的能力要求逐渐向通用型、复合型靠拢。

3. 方向性

职业能力是针对一定职业的能力，离开了一定的职业方向，就谈不上职业能力。尽管职业能力的培养要注重全面素质和综合能力的提高，但这并不排斥职业能力的方向性，只有具备某一具体职业要求的职业能力，从业人员才能胜任该职业。

4. 差异性

不同从业人员的职业能力存在多样化差异，如职业能力强弱和水平高低方面存在随机性差异。

5. 动态性

随着社会的发展和科技的进步，职业能力的内容也处于不断的发展和变化之中。由于生产力的提高和生产领域的拓展，新的职业能力就会随之产生，旧的职业能力内容也会融入新的要素。

此外，每个人的职业岗位不一定是一成不变的。岗位的变化对从业人员的能力要求也会有所不同，而且随着的职业经验的积累，从业人员的职业能力水平也会处于一种不断发展、不断提升的动态变化之中。

（二）职业能力的分类

依据内容的不同，职业能力可分为一般职业能力和特殊职业能力。

1. 一般职业能力

一般职业能力主要是指从业人员在各种职业活动中都必须具备的基本能力。它能够保证从业人员有效地认识职业，从而适应不同岗位的变换，具有一定的普遍适用性和可迁移性，如沟通能力、团队合作能力、执行能力和创新能力等。

2. 特殊职业能力

特殊职业能力，又称“专业能力”，主要是指从业人员从事某种具体的专业性职业活动所必须必备的、区别于一般职业能力的专门能力。一般而言，在招聘过程中，招聘方都会关注求职者是否具备胜任该工作岗位的专门能力。例如，学校会关注应聘教师岗位的求职者是否具备最基本的教学能力。

知识视窗

一般职业能力与特殊职业能力的关系

一般职业能力与特殊职业能力是相互关联、相互促进的关系。一方面，一般职业能力在某种特殊职业领域得到充分发挥时，就可能发展成为某种特殊职业能力；另一方面，在特殊职业能力得到充分发展的同时，一般职业能力也会得以提升，如随着画家绘画能力的发展，他对事物的观察能力也会相应地增强。

总体而言，一般职业能力是特殊职业能力的基础，而特殊职业能力会促进一般职业能力的提高。从业人员在从事某种职业时，常需要一般职业能力和特殊职业能力的共同参与。

二、职业能力的了解途径

人与人之间各种职业能力的发展程度不同，所具有的职业能力水平也会存在差异。一般情况下，从业人员可从以下几种途径来了解个人的职业能力。

（一）自我比较

一方面，从业人员可以将现在的自己与过去的自己进行比较，从而了解自己的职业能力是否有所提升；另一方面，从业人员可以将现在的自己与理想中的自己进行比较，进而明确自己的职业能力在哪些方面还存在差距。

（二）与他人比较

所谓“三人行，必有我师焉。”在职场中，从业人员可以通过与他人比较来了解自己的职业能力，以寻找自己与他人之间的差距，分析自己的不足，从而努力提升自己的职业能力。

需要注意的是，从业人员在与他人进行比较时，要树立正确且合理的比较观，既要学会承认他人的优点，肯定他人的努力，又要学会肯定自己，接纳自己的不足，树立符合自身发展的职业目标，脚踏实地，精耕细作。

合理比较，接纳自己

一个农夫有两个水桶，一个水桶完好无损，而另一个水桶有一条裂缝。完好的水桶总能把小溪里的水毫无遗漏地运到农夫的家里，而有裂缝的水桶总是在农夫回到家时只剩下半桶水，这让有裂缝的水桶感到无比的痛苦和自卑。

一天，它对农夫说：“我感到十分惭愧和难过。”农夫问：“为什么呢？”

“因为在过去的两年里，每当你用我挑水时，水就会从我的裂缝里渗出，到家时只剩下半桶水了。你尽了你的全力，我却没能让你得到足够的回报。”有裂缝的水桶答道。

听到这里，农夫哈哈大笑起来，起身从桌上拿来了一束鲜花，并对有裂缝的水桶说：“你闻闻这花香不香？”“香！”有裂缝的水桶回答。

“可是如果没有你，它们就不会这么香。”农夫说。“我？”有裂缝的水桶惊讶地问道。

“是啊，难道你没发现吗？在我们运水回家的小路旁，长满了各种鲜花。那些鲜花正是我用你漏掉的水浇灌的，所以它们才会开得那么茂盛。这两年来，我时常会用这些鲜花来装饰我的家，这不是你的功劳吗？”农夫笑眯眯地说道。

有裂缝的水桶听了这番话，心里十分开心。从那之后，每逢农夫挑水，有裂缝的水桶都会细心观察路旁的鲜花，感到无比的自豪！

资料来源：豆丁网（有改动）

（三）他人评价

通常情况下，一个人对自己的认知有一定的偏差，因此，从业人员在了解自己职业能力的过程中，可以主动向他人了解自己，虚心听取他人的评价。

需要注意的是，正如镜子也不一定能反映事物的本来面貌一样，他人的评价通常会受多种因素的影响，并不一定是完全正确的。在他人评价之后，从业人员要辩证地看待他人的评价，并对其进行客观、冷静的分析，从多个角度来了解自己的职业能力。

（四）自省

自省是指人的自我反省、自我反思、自我省察和自我解剖。自省可以提高从业人员的认知水平，使从业人员能够更加清醒地认识自己，自觉地对自己的职业能力进行分析和判断，做到学有方向，改有重点。

因此，从业人员在职业活动中，要坚持自我教育、自我监督、自我克制和自我完善，做到防微杜渐，养成“每日三省吾身”的习惯，经常反思自己的职业行为，及时归纳和善于总结自己的优点与不足，从而不断提升自己的职业能力。

（五）实践活动

从业人员可以通过自己在参加各种实践活动时的动机、态度、表现和取得的成果等方面来了解自己的职业能力。例如，从业人员可以通过与他人的合作来分析自己的人际沟通能力，通过组织集体活动来分析自己的组织管理能力，等等。

因此，从业人员不仅要多参加各种实践活动，使自己的才能有机会表现出来，还要正确分析自己的活动表现和取得的成果，客观认识自己的职业能力水平，从而建立自信心，进一步发挥自己的长处，使自己的职业能力在实践中不断得到提升。

（六）心理测试

心理测试是以心理学理论为指导，使用科学的方法，对人的能力、人格及心理健康等心理特性和行为进行检测，并进行量化分析，从而发现被测试者的潜在能力，深入了解其长处和发展倾向。

需要注意的是，心理测试只能提供专业心理学方面的参考，并不能对一个人的终生进行论断。因此，从业人员对于心理测试的结果要理性看待，不要把它当作“终生的标签”。

（七）全国职业能力测评

全国职业能力测评是对从业人员的知识水平和职业能力等进行价值判断的测评体系。旨在通过测评，捕捉从业人员的职业素质、职业偏好及心态，协助从业人员了解自身的职业发展倾向，使从业人员具备相应岗位的综合素质和职业能力，成为符合现代岗位要求的人才。

这一职业能力测评体系符合从业人员的认知规律和职业发展规律，能够帮助从业人员检测自身职业能力水平，发现自身能力的缺陷，进而通过针对性的学习，提升职业能力，提升综合竞争力。

课堂活动

你是如何了解自己的职业能力的？你还知道哪些了解职业能力的途径？请与同学们分享一下。

模块二 上传下达——提升沟通能力

一、沟通概述

沟通是指人与人之间为了一个预先设定的目标，借助语言、文字、图像、符号、手势等表现形式，将思想、观念、情感、态度等信息在个体或群体之间传递交流，以达成共识的行为和过程。换言之，沟通就是信息的发送者借助一定的媒介，将信息发送给既定的信息接收者，并寻求反馈以达到相互理解的过程。

（一）沟通的分类

依据不同的分类标准，沟通可以分为不同的类型。

1. 依据沟通者有无组织关系划分

依据沟通者有无组织关系，沟通可以分为正式沟通和非正式沟通。

（1）正式沟通是指按照组织明文规定的结构系统和信息流动的路径、方向、媒体等进行的信息传递与交流，如在工作中下级向上级递交的书面报告、上级下达的工作指示、每周的小组会议沟通等。这种沟通正规、权威，但信息传播范围及传播速度受限。

（2）非正式沟通是指在一定的社会系统内，通过正式组织以外的途径进行的信息传递和交流，如同事之间的谈话、朋友之间的交谈等。这种沟通灵活、随意，但不能保证信息的真实性。

2. 依据沟通所采取的载体划分

依据沟通所采取载体的不同，沟通可以分为语言沟通和非语言沟通。

（1）语言沟通是指以语言文字为载体的沟通，如口头交流、书面表达等，是日常工作和生活中最主要的沟通方式。

（2）非语言沟通是指以非语言文字的符号为载体的沟通，如语音语调、面部表情、手势动作等。非语言沟通往往对语言沟通起到加强作用。例如，在称赞某人时，一边夸奖一边竖起大拇指，或点头微笑，以给人真诚、可信之感。

课堂活动

小林说："沟通不就是说话？谁还不会说话呢？"小李说："只有我想说话才会有沟通，若我不说话就不存在沟通。"

请你想一想，上面两位同学说的对吗？为什么小林说："沟通就是说话，谁还不会说话呢？"

（二）沟通的重要性

沟通能力：
个人素质的重要体现

在日常工作和生活中，及时有效的沟通不仅是消除人与人之间的误解，减少隔阂与猜疑的桥梁和纽带，还是调节人际关系的润滑剂，提高工作效率的催化剂，提升个人修养的助推剂。具体而言，沟通的重要性体现在以下几个方面。

（1）沟通是人们集体生活的基础。可以说，没有沟通就没有群体活动，就没有个人、集体和社会的不断进步。

（2）沟通是现代管理的命脉。没有沟通或沟通不畅，管理效率就会下降。

（3）沟通是人际情感的基石。良好的沟通才能造就健康的人际关系。

（4）沟通是个人职业发展与进步的基本手段和途径。

（三）沟通的原则

在沟通过程中，从业人员要想做到良好、有效的沟通，就需要遵守6C原则，即清晰（clear）、简明（concise）、准确（correct）、完整（complete）、有建设性（constructive）、礼貌（courteous）。

（1）清晰。表达的信息完整、有序，能够被信息接收者所理解。

（2）简明。要尽可能用简洁明了的文字表述信息。这样既可以降低信息保存、传输和管理的成本，也可以提高信息使用者处理和阅读信息的效率。

（3）准确。准确不仅是衡量信息质量的标准，也是决定沟通结果的重要指标。不同的信息往往会导致不同的结论和沟通结果，因此信息传递一定要准确。

（4）完整。表达的信息应描述完整，没有遗漏，否则会因信息的片面导致判断错误和沟通无效，出现"盲人摸象"的现象。

（5）有建设性。沟通不仅需要考虑信息表达的清晰、简明、准确、完整，还要考虑信息接收者的态度和接收程度，力求达成有效沟通。

（6）礼貌。礼貌是影响沟通的重要因素，礼貌得体的沟通形式，有利于沟通目的的实现。

二、沟通的基本技巧

（一）了解沟通对象

了解沟通对象是沟通顺利的基础。不同的沟通对象，他们的身份、性格、文化水平等方面存在着较大的差异，这直接造成了他们在表达方式、接受能力、关注的问题等诸多方面的差异。沟通时，面对不同身份、不同性格、不同文化修养、不同亲疏关系的对象，从业人员要选择不同的沟通方式。

（二）善于倾听

倾听是指接收口头及非语言信息，确定其含义，并对此做出反应的过程。善于倾听是有效沟通的前提。在人与人沟通的过程中，善于倾听是尊重对方的礼貌行为，能够使沟通朝着更有利的方向发展。一般而言，倾听时应注意以下几点。

1．认真倾听，摆正心态

倾听时，倾听者要神情专注，认真听完对方的讲话，不要东张西望，心不在焉，并以微笑、点头或者“哦”“这样”“对”等语句表示自己在认真倾听。同时，倾听者要保持开放的心态，即愿意去接纳与自己已有观念不同的观点，将每一次倾听都视为学习的机会，避免固步自封或主观臆断。即使对他人表达的观点持有相反的意见，也不要随意批判对方，更不要轻易转移话题或随意打断他人，而应该试着去理解对方的观点。

2．注意交流，及时反馈

倾听时，倾听者要注意通过表情、眼神等及时给对方反馈，并适时地发表自己的看法。这既是对说话者的尊重，也是对说话者的鼓励，进而才能取得对方的信任，保证沟通的顺利进行。

需要注意的是，反馈是一个分享信任、取得共识的过程，而不是其中一方试图主导交流或评审对方的过程。因此，倾听者在进行反馈时，要保持态度谦逊，不可盛气凌人。此外，及时反馈并不意味着倾听者要立刻做出反应，而是要灵活把握反馈时机。例如，当对方情绪激动、心烦意乱或对反馈持有抵触心理时，倾听者就要避免及时反馈。

3．抓住中心，把握要点

沟通时，倾听者要仔细听辨对方的说话内容，尤其是当对方连续说话时，语音传递速度快，信息密集。此时，倾听者要能够分清主次，抓住对方话语中的关键词句，删繁去冗，理清条理，进而把握对方的中心思想和主要观点。

4．用心品味，揣摩意图

“听话听声，锣鼓听音”，有的人沟通时不喜欢直来直去，常常话里有话，委婉含蓄；有的人沟通时往往话藏机锋，旁敲侧击。因此，倾听者要善于辨识，边听边想，对别人说话的内容、观点加以思考、判断，不仅要听懂对方话语的表面意思，还要用心揣摩对方的真实意图，明白弦外之音、言外之意，明确对方的真正需求。这样在沟通时才能够有的放矢，从容应对。

课堂活动

请你想一想，在与他人沟通的过程中，你有没有认真地倾听对方所说的话，理解对方所表达的意思？你有没有急于表达自己的观点而打断对方的话？这样做有什么后果？

（三）有效表达

在职场中，从业人员要善于用得体的言语和恰当的动作来传递和表达自己的情绪，利用不同的沟通方式增进与他人的交流，消除与他人的误解，以达到和谐沟通的效果。

1. 言语表达技巧

在人与人沟通的过程中，言语表达技巧运用得好，能瞬间吸引对方的注意力，调动其倾谈的激情、兴趣。相反，往往在无意间会出口伤人，产生或激化矛盾。

（1）称呼得体。恰当得体的称呼，能使人获得一种心理满足，使对方感到亲切，进一步使沟通有了良好的心理气氛；称呼不得体，往往会引起对方的不快甚至反感，使沟通受阻或中断。因此，从业人员在沟通过程中，要根据对方的年龄、身份、职业等具体情况，沟通的场合及双方关系的亲疏远近来决定对对方的称呼。例如，对长辈的称呼要尊敬，对同辈的称呼要亲切、友好，对关系密切的人可直呼其名，对不熟悉的人要用敬语。

（2）说话注意场合和分寸。从业人员要正确运用语言，表达清楚、生动、准确、有感染力、逻辑性强；较为正式的场合少用方言，但也切忌滥用辞藻，言之无畅；讲笑话要注意对象、场合、分寸，以免笑话讲得不得体，伤害他人的自尊心或者造成尴尬的局面。

（3）避免争论。沟通中往往存在着争论。当出现分歧时，从业人员要尽量避免争论，而要通过讨论、协商的途径解决分歧。若无法达成共识，“求同存异”则是最好的方式。

明德修业

医患沟通有良方，真诚解答促和谐

护士小吴第一天上班。晚上 10 点，15 号病床患者的好几位家属还是不愿意离开病房，说是担心病人病情，想要陪着。他们谈话的声音和明亮的灯光影响了同病房其他患者休息。

小吴见此情况，便严肃地对家属说：“医院是有规定的，晚上只能留一个人，其他人赶紧走。”家属听到小吴这样说话，心存不满，并与小吴争论了起来。

护士小何听到争执声后，赶紧过来，在了解家属不愿意离开的原因后，耐心地对家属说：“各位叔叔阿姨，我非常理解你们的心情，但是请你们放心，值班的医护人员会随时观察患者的病情。再说，现在是熄灯时间，病房里的其他病人也需要休息，你们可以留一个家属陪在这里，然后只开床头灯，你们看这样行吗？”

家属听小何说完后，平复了情绪，很快决定好留下陪伴患者的人选，其余人迅速离开了病房。

资料来源：原创力文档（有改动）

2. 非言语表达技巧

（1）注意语音语调。同一个意思，甚至完全相同的内容，用不同的语音语调进行表达，会产生不同的意思和感觉。因此，要使沟通更有效，从业人员需要注意表达时的语音语调。通常，语音语调要根据表达的内容、情境、对象有所变化。一般而言，场面越大，越要适当提高声音、放慢语速，以突出重点；反之，场面越小，越要适当降低声音，适当紧凑词语密度，追求自然。

（2）保持微笑。在沟通中，保持微笑可以营造融洽的氛围，消除对方的抵触情绪，不仅有助于沟通的顺利进行，也有助于沟通目的的实现。

（3）选择适当的距离。沟通是一种社会交往活动，因此多在社交空间中进行。人与人沟通的空间距离不是固定不变的，它具有一定的伸缩性。这主要取决于具体情境，如沟通双方的关系、社会地位、文化背景、性格特征、心境等。主动了解沟通中人们所需的自我空间及适当距离，有意识地选择与人沟通的最佳距离，有助于沟通的顺利进行。

三、职场沟通能力的提升

在职场中，从业人员避免不了与上级和同事打交道。因此，掌握一定的沟通方法对从业人员完成工作任务、实现工作目标具有重要意义。

（一）与上级沟通

1. 沟通态度要主动

上级一般要承担更多的工作责任，平时比较繁忙。因此，从业人员要积极主动地与上级进行沟通，及时向上级汇报自己的工作进度。主动沟通，既有助于从业人员准确了解信息，明确工作任务，提高工作效率，又能向上级表达自己的意愿，让上级更多的了解自己，形成积极的双向互动，拉近自己与上级之间的距离，形成和谐、愉快的工作氛围。

2. 沟通频率要适度

在职场中，从业人员要注意与上级的沟通频率。沟通频率如果过高，就可能会对上级的正常工作造成困扰，也容易让上级认为从业人员缺乏独立工作的能力，还可能造成同事之间的揣测与误解；沟通频率如果过低，则不能使上级及时了解从业人员的思想状态和工作情况，这样既不利于工作的开展和完成，又会在一定程度上影响团队的凝聚力。

3. 沟通时机要恰当

从业人员想要与上级进行更为有效的沟通，就要善于选择合适的沟通时机。

（1）选择上级工作相对空闲的时间。在上级相对空闲时间段进行沟通，更容易引起上级的重视和思考。在与上级进行沟通之前，从业人员可以通过不同方式主动预约，也可以请对方指定沟通时间和地点，自己按时赴约。

（2）选择上级心情愉悦的时候。当上级心情欠佳时，从业人员最好不要去打扰对方，特别是准备向对方提要求、说困难或表达自己不同看法的时候。

（3）选择合适的单独交谈机会。从业人员与上级的沟通最好是一对一地进行，特别是在试图改变上级的决定或者意图时，要尽量选择非正式场合或其他人不在场的时间，这样既能给自己留下一定的回旋余地，又能够维护上级的尊严。

明德修业

把握沟通时机，创造最佳沟通效果

秘书小刘刚到公司时，由于工作比较出色，深得领导的赏识，便承担了组织重要活动的工作。这就招来了一些人的嫉妒，尤其是另一位秘书小张。于是，小张便到处说小刘的坏话，说他过于骄傲、轻狂，不把别人放在眼里，甚至不把领导放在眼里。这些话传到领导那里，领导有些疑惑，为了测试小刘是否真如传言那样，便有意不再把重要活动交给小刘了。

小刘虽有一肚子的苦水，但是并没有表现出任何不满，更没有逢人就诉苦。他一方面进行自我检讨，反省自己平时工作中的言行举止；另一方面，他积极主动地接触其他同事，进一步改正自己的工作方式。对于说他坏话的小张，他不仅没有冷眼相向，还会主动帮他解决工作中的问题。时间久了，他在公司里的风评越来越好，一些同事开始替小刘在领导面前说好话，一度说他坏话的小张也不再说了。

当领导对小刘的态度有所缓和时，小刘觉得是时候向领导申诉了，但是具体选择什么样的时机和方式呢？

在得知领导喜欢在午间休息时打乒乓球，小刘便找机会主动提出陪领导打乒乓球。他在打球时既显示出了自己的实力，又恰到好处地让领导赢了球。领导很高兴，说："小刘，球技不错呀！"小刘说："哪里，还是领导的球技好，您是不是以前学过？"

领导笑着说："没有，我只是平时没事的时候喜欢打着玩。"小刘说："是吗？我看您这水平快赶上专业级的了，我都拿出自己的看家本领了还是打不过您。"领导说："哈哈，小刘，你打球还是比较厉害的。"这时，小刘乘机说："我这个人就是实在，打球时就想着好好打球，所以，有的人就说我打球时不给人留情面，说我工作时也这样。其实，和打球一样，我没有想别的，就是想把事情做好。不过，我以后一定要注意，因为不是每个人都像领导一样了解我。"

领导听完小刘的一席话，笑道："这话我也听到过一些，我当时就告诉他们，年轻人嘛，有干劲是好的，好好工作，别管别人怎么想，我就喜欢你这样的实在劲。你不知道，平时好多人跟我打球总是让着我，导致我的球技总是得不到提高。"

从那以后，领导总喜欢叫上小刘打球，对小刘的印象也大有改观，一年后便提拔他当了自己的助理。

资料来源：百度文库（有改动）

4. 沟通方式要灵活

依据与员工沟通态度的不同，上级可分为控制型、互动型和实事求是型。从业人员在职场中要学会根据上级的不同类型，选择灵活的沟通方式。

（1）控制型上级有较强的控制欲，更多关注结果而非过程，不喜欢下属违抗自己的命令。因此，从业人员要选择直截了当的沟通方式（如会议），简明扼要地阐述自己的观点，不拖泥带水，不拐弯抹角，尊重其权威，多称赞他们所获得的成就。

（2）互动型上级通常善于交际，喜欢与他人互动交流，享受他人对自己的赞美，凡事喜欢亲自参与。因此，从业人员可选择和平友善的沟通方式（如内部活动），做到语气委婉、语调平和、语速适中，开诚布公地发表自己的意见，公开且真诚地对其进行赞美。

（3）实事求是型上级通常讲究逻辑，不喜欢感情用事，有着自己的一套为人处世标准，注重细节，愿意探究问题的深层原因，了解事情的来龙去脉。因此，从业人员可选择严肃规范的沟通方式（如报告），就事论事，坚持实事求是，不能不懂装懂、弄虚作假，注重表述逻辑和细节问题。

5. 沟通定位要准确

在与上级沟通的过程中，从业人员要正确认识自己的角色和地位，避免越位。特别是向上级提出建议时，要注意以下两点。

（1）站在企业的角度，提出解决方案和理由，多从正面阐述自己的观点，少从反面否定和批驳上级的意见。这样既可以维护上级的面子，也能增强自己的说服力，从而使上级改变原来的主张。

（2）强化服务意识和纪律观念，避免情绪化沟通或与上级产生正面冲突。

（二）与同事沟通

1. 委婉表达观点

同事因工作任务聚集到一起，难免会因经历、性格、价值观和看问题的角度等不同而存在一定的分歧或矛盾。在与同事产生矛盾时，从业人员要学会换位思考、互相体谅，只要不涉及原则问题，就不必斤斤计较。即便在确实有必要指出对方问题的情况下，也要以不伤害他人为原则，考虑时间、地点和他人的接受能力等因素，委婉地表达自己的观点。

2. 懂得相互欣赏

每个人都有得到他人赞许和欣赏的愿望与期待，都希望自己的工作和劳动得到他人的重视与认可，都希望有来自他人恰如其分的评价与鼓励。因此，从业人员要学会尊重他人，以诚待人，善于发现同事的优点和长处，肯定他们在工作中付出的努力，并对他们取得的进步和成绩表示真诚的赞美。

3. 主动交流沟通

一定的交流和沟通是促进人际关系融洽的必要条件。在职场中，从业人员要学会利用工作之余的闲暇时间，主动找同事谈谈心、聊聊天，或者请教问题。只有主动创造交流和沟通的机会，才能更好地了解彼此、相处融洽。

4. 保持适当距离

从业人员和同事保持良好的关系，并非要与同事无话不谈、亲密无间。由于同事之间既存在合作关系又存在利益竞争关系，因此，从业人员要学会与同事保持适当的距离。

首先，不宜过多地谈论私事，避免引起他人的反感，带来不必要的麻烦和困扰；其次，不传播小道消息，尽量不打听、不评论、不谣传；再次，保持谦虚、谨慎的工作作风，不要过于表现和炫耀自己；最后，不要对自己的同事评头论足，甚至恶意攻击。

课堂活动

在工作中，假如你接到一个紧急又重要的任务需要同事小张的配合。为按时完成任务，你会如何与小张沟通呢？在沟通过程中应该注意什么？

模块三 勠力同心——增强团队合作能力

一、团队合作概述

（一）团队合作的内涵

团队是指为了实现某一个相同的目标而相互协作的个体所组成的共同体。团队合作则是人们为了达到既定目标而显现出来的自愿合作和协同努力的能力。团队合作能力的发挥应当包含以下四个基本条件。

1．共同的目标

共同的目标是一盏指引团队前行的明灯。当一个团队有了共同的目标，团队成员的归属感和责任感就会增强，从而团结一致朝着共同的方向努力。这是团队合作能力发挥的首要条件。

2．组织协调各类关系

组织协调各类关系就是要通过协调、沟通、安抚、调整、启发、教育等方法，让团队成员从生疏到熟悉，从戒备到融洽，从排斥到接纳，从怀疑到信任，使团队中各类关系越来越稳定，从而减少团队内耗，提升团队的整体效能。这是团队合作能力发挥的基础条件。

3．明确的制度规范

无规矩无以成方圆，团队合作能力的发挥需要有明确的规章制度，以指导和规范团队成员的行为。相反，团队内部如果缺乏相应的规章制度，不仅会造成秩序的混乱，还会引起团队成员之间的猜测和不信任。这是团队合作能力发挥的制度保障。

4．称职的团队领导

一位称职的团队领导能够为团队成员指明方向，发掘团队成员的潜力，增强团队成员的自信心，化解团队冲突，等等。这是团队合作能力发挥的充分条件。

（二）团队合作的作用

团队合作可以充分调动团队的所有资源，发挥团队成员的才智，并能够减少团队内部不和谐、不公正的现象。具体而言，团队合作主要具有以下几点作用。

1．提高团队成员的积极性

团队合作有利于激发团队成员的学习动力，提高团队成员的积极性，增强团队成员的上进心，使其不自觉地要求自己进步，力争在团队中做到最好，以赢得其他团队成员的尊重。

2．增强团队的凝聚力

团队合作能够促进团队内部沟通，培养团队成员的群体意识，使团队成员在长期的实践中产生共同的使命感、归属感和认同感，从而积极地对自己的工作负责，用自己的实际行动去影响和维护团队的整体利益，在团队内部形成一种强大的凝聚力。

3．提高工作效率

团队合作能够提高工作效率主要体现在以下两个方面。

（1）由于团队成员各自所具备的知识结构、技能水平、能力优势都不尽相同，因此，团队成员彼此之间可以取长补短、互相启发，发挥出各自的核心优势，从而显著地提高工作效率。

（2）一个人的力量是有限的。但是，多人分工合作能够把团队的整体目标分割成许多小目标，这样就能够缩短完成整体目标的时间，从而提高团队的整体工作效率。

（三）团队合作的原则

1．坚持平等友善

在团队合作中，从业人员要坚持平等友善，做到自尊而不骄傲，尊重而不谄媚。只有平等待人，互相尊重，才能够赢得他人的信任与肯定，建立真诚互信的人际关系，从而形成团结友爱的氛围，促进团队内部更加有效的分享和沟通。

2．善于主动交流

交流是信息互换的过程。在与他人合作的过程中，从业人员不仅要选择自己擅长的方式与他人就相关问题深入探讨，主动与他人分享和交流自己的想法，也要善于倾听和尊重其他成员的不同观点和评议，从而更好地实现团队目标。

3．保持谦虚谨慎

谦虚是指不自满，谨慎是指不莽撞，谦虚谨慎是个人进取和获得事业成功的必要前提。它要求从业人员在团队合作中对人虚心，办事小心，要多看别人的优点，少看别人的缺点，养成虚心向他人请教和学习的习惯，考虑问题全面细心，以集体利益为重。

4．学会化解矛盾

在团队合作中，由于团队成员的性格各异，观点各不相同，难免会存在一定的矛盾或分歧，从业人员要学会化解矛盾。

首先，从业人员要承认矛盾的存在，忽略或逃避矛盾都不能从根本上解决问题。其次，从业人员要避免抱怨、辱骂、攻击对方或其他过激行为，而应该保持冷静，学会包容，让团队中的每位成员充分发表和解释自己的看法，并彼此聆听，换位思考，最终促进矛盾的化解。

5．虚心接受批评

在团队合作中，对于他人指出的错误和不足，从业人员要虚心听取，真诚接纳，学会正视自己的错误，分析原因，及时纠正，并从他人的批评中寻找积极的一面，从而在批评中不断改进和提升自己的职业能力。

此外，在日常工作中，从业人员还要时常进行自我反省，重点对照检查，及时修正偏差，避免产生同样的问题。

6．提升创造能力

团队有了创造力才能不断发展和进步。在团队合作中，每位团队成员都应该具有积极的创造精神和扎实的创造能力。因此，从业人员要明确自己在团队中的任务，积极参与团队讨论，活跃团队气氛，用辩证和发展的眼光看待问题，不断提升自己的团队合作能力。

课堂活动

请全班同学按以下游戏规则组织活动。

（1）将全班同学分成若干个小组，每组人数在五人以上为佳。

（2）每组先派出两名成员，背靠背坐在地上。两人双臂相互交叉，合力使双方一同站起。

（3）依此类推，每组每次增加一人，如果尝试失败需要再次尝试，直到成功才可再加一人。

（4）限时 15 分钟，选出最终成功站起人数最多且用时最少的组为优胜组。

（5）由获胜组的同学发言，分享自己在活动中的收获。

二、成为团队中受欢迎的人

从业人员要想成为团队中受欢迎的人，需要做到以下几点。

（一）主动关心团队成员，互助成长

从业人员要想成为团队中受欢迎的人，需要主动关心团队成员，进而促进团队成员之间的交流与沟通，了解团队成员在工作中遇到的困难，及时察觉团队成员的不良情绪，从而给予他人一定的工作或情感支持，提高团队成员的工作热情，并与其建立起一种相互信任、相互支持的关系，形成团结互助的团队气氛，促进团队整体工作效率的提高。

（二）积极融入团队，参加团队活动

从业人员要想成为团队中受欢迎的人，需要积极参加团队活动，发掘与团队成员共同的兴趣爱好，进而快速消除与团队成员之间的陌生感，与团队成员建立良好的人际关系，从而锻炼团队合作能力，培养集体荣誉感。

（三）学会赞美他人，真诚适度

每个人都希望得到别人的鼓励和称赞，以满足自己的赞许需要。因此，适当地赞美、支持或鼓励周围的朋友和同事，通常能够收获他人的好感与善意，从而使自己成为团队中受欢迎的人。

需要注意的是，赞美必须是真诚的和发自内心的，从业人员要善于从细节处发现他人的与众不同之处，然后进行适度的赞美，绝不能曲意逢迎、盲目奉承。

（四）主动贡献价值，承担责任

从业人员要想成为团队中受欢迎的人，需要做好本职工作，用负责任的态度来对待每件事情，在工作中细致认真，主动承担责任，及时发现问题，分析问题并主动解决问题，规范自己的行为，为团队发展贡献自己力量。

（五）不断提升技能，成为有价值的人

从业人员要想成为团队中受欢迎的人，需要正确定位自己，明确自己的奋斗目标，保

持空杯的心态，不断拓展和加强自己的职业技能，从而有效提升自己的核心竞争力，努力成为团队中有价值的人。

一人不成众，一木不成林

小李是一家大型软件公司的技术员，他不仅拥有出色的学历，而且能力也很强。可奇怪的是，小李在公司两年了，那些能力比他差的人都升职了，而他却一直停留在原位。

小李觉得自己受到了老板的冷落，于是在深思熟虑后，决定辞职。他本以为，老板会出于对他能力的认可而挽留他，可没想到的是，老板竟然很快就批准了他的辞职请求。

离开公司的那天，小李终于忍不住了。他跑到老板办公室，不解地问："老板，如果我离开公司，您难道一点都不会觉得遗憾吗？"老板看着他，回答说："我当然会遗憾，因为我将失去一位像你这样有能力的员工。"小李更疑惑了，接着问："那您为什么不给我升职呢？"老板听了笑着说："小伙子，你在公司这么长时间，都没有融入你所在的团队。每次团队的重要任务，你也不能很好地与其他成员配合。很多次你们团队的任务，都因为你的一意孤行而出现问题。这样的员工就算个人能力再突出，也很难给整个公司的发展带来更好的效益。而那些能够全身心融入团队的员工，才是公司最想要的啊！"

模块四　知行合一——强化执行能力

一、执行能力概述

（一）执行能力的内涵

执行能力是指贯彻战略意图，完成预定目标的操作能力。它包含完成既定任务或目标的意愿、能力和程度，可以用以下数学等式来简化表示，即

执行能力=意愿×能力×程度

对从业人员而言，衡量执行能力的主要标准就是按时、按质、按量地完成自己的工作任务。

执行能力体现了一个人的精神状态。执行能力不强的人，通常对生活的积极性不高，对工作的斗志不强，做事拖拉，得过且过，安于现状；而执行能力强的人，通常具有积极向上的职场心态，对工作热忱，有韧性，不断追求进步。

（二）执行能力的分类

依据执行对象的不同，执行能力可分为个人执行能力和团队执行能力。

1．个人执行能力

个人执行能力是指个人将上级的命令和想法付诸实践，从而按时、按质、按量地完成任务的能力。个人执行能力体现了个人本身的能力和特点，其影响因素主要包括个人的工作方式、工作习惯，以及是否有正确的工作思路与方法等。

由于每个工作岗位的职责不同，加之个人执行能力具有一定的差异，不同的人会有不同的执行能力表现。例如，企业领导的个人执行能力主要表现为战略决策能力和组织管理能力，而企业员工的执行能力主要表现为完成具体任务的能力。

2．团队执行能力

团队执行能力是指一个团队把战略与决策持续转化为结果的满意度、精确度和速度的能力。团队执行能力是以团队为核心，具有系统性，表现出来的是整个团队的战斗力、竞争力和凝聚力，是企业成功的关键因素。

团队执行能力的强弱反映了企业的管理水平的高低，其影响因素较多，包括人才、资源、资金、技术、市场、组织结构、团队制度、团队领导的组织能力等。

课堂活动

回想一下你参与过的团队任务，你们每个人是否都有参与，你们的执行能力如何？当别人参与程度不够时，你有什么感受？

二、提升个人执行能力的方法

（一）着眼于“严”，积极进取，增强责任意识

责任心和进取心是从业人员提升个人执行能力的首要条件。责任心的强弱决定着个人执行能力的大小，进取心的强弱决定着执行效果的好坏。

因此，从业人员要想提升个人执行能力，就必须树立起强烈的责任意识和进取精神，坚决克服不思进取、得过且过的心态，严格要求自己，把工作标准调整到最高，把精神状态调整到最佳，认认真真、尽心尽力、不折不扣地履行自己的职责，决不消极应付、敷衍塞责、推卸责任，养成认真负责、追求卓越的良好习惯。

（二）着眼于“实”，脚踏实地，树立实干作风

踏实勤奋是从业人员提升个人执行能力的必要条件，好高骛远、作风漂浮，终将一事无成。天下大事必作于细，古今事业必成于实。

因此，从业人员要想提升个人执行能力，就必须发扬严谨务实、勤勉刻苦的精神，坚决克服夸夸其谈、纸上谈兵的缺点，真正静下心来，从小事做起，从点滴做起，积小胜为大胜，养成脚踏实地、埋头苦干的工作作风。

（三）着眼于“快”，只争朝夕，提高办事效率

具备快速的行动力是提升个人执行能力的基本要求，然而，从业人员在执行任务时最容易犯的毛病就是拖延。拖延不仅会降低工作效率，消耗个体的能量，阻碍个体的能力发挥，还会使个体陷入一种恶性循环。越是处在低效的工作状态中，个体就越容易产生情绪困扰，这种情绪困扰必然导致更为严重的拖延。

因此，从业人员要想提升个人执行能力，就必须强化时间观念和效率意识，树立“立即行动、马上就办”的工作理念，摆脱“等一会”“以后再说吧”的拖延思想，有效地进行时间管理，时刻把握工作进度，做到争分夺秒，赶前不赶后，坚决克服工作懒散、办事拖拉的不良习惯，养成雷厉风行、干净利落的工作风格。

（四）着眼于“新”，开拓创新，改进工作方法

面对竞争日益激烈、变化日趋迅猛的市场环境，努力学习新的知识和工作技能，是提升个人执行能力的重要条件。

因此，从业人员要想提升个人执行能力，就必须具备较强的改革精神和创新能力，坚决克服“无所用心、生搬硬套”的惰性思想，充分发挥主观能动性，创造性地开展工作，执行指令。在日常工作中，从业人员要养成勤于学习、善于思考的良好习惯，敢于突破思维定式和传统经验的束缚，不断寻求新的工作思路和方法，使工作的执行力度更大，执行速度更快，执行效果更好。

总之，提升个人执行能力虽不是一朝一夕之功，但从业人员只要按照“严、实、快、新”的要求，全身心地投入工作并坚持到底，就一定会成功。

模块五　匠心独运——提升创新能力

一、创新能力概述

（一）创新能力的概念与意义

创新能力是指人们运用已有的知识和理论，在技术和各种实践活动领域，不断提供具

有经济价值、社会价值或生态价值的新思想、新理论、新方法和新发明的能力。创新能力与其他能力的区别就在于其新颖性与独创性。

创新能力对企业的创新发展和从业人员的个人发展都具有重要意义。对企业而言，只有具备一定的创新能力，企业才能够打破自身的发展局限，革除不合时宜的旧制度、旧办法，创造出更多的适应市场需求的产品与服务，从而在激烈的市场竞争中获得立足之地。对从业人员而言，创新能力是其谋求事业发展、实现自我价值和精神追求的最好保障，也是个人综合能力的体现。

（二）个人创新能力的影响因素

对从业人员而言，影响其个人创新能力的因素主要包括以下几点。

1. 创新兴趣缺乏

创新兴趣是创新之源，积极的创新兴趣对个人创新能力的提升具有积极、正向的促进作用。因此，从业人员要保持对工作的敏感度和好奇心，培养敏锐的洞察力，克服倦怠心理，从而不断激发个人的创新兴趣，调动创新的积极性。

2. 创新意识淡薄

有些从业人员对自己的奋斗目标定位不够准确，往往满足于现状，缺乏对未来的思考，从而导致较低的创新意愿和较弱的创新意识。因此，从业人员应明确工作的奋斗目标，进行自主学习，注重与工作相关的知识和技能的积累，提高实干本领，持续增强自身的创新意识。

3. 创新思维受限

创新思维是指以新颖独创的方法解决问题的思维过程。一方面，有些人在工作中通常为了避免出错而求稳趋同，不敢求异冒险，缺乏大胆质疑的批判思维和开拓进取的创新精神，从而难以把握创新机遇。另一方面，有些人通常受限于熟悉和习惯的事物，不愿意改进方法，不愿意主动挑战不熟悉的或有难度的任务，导致思维具有局限性和片面性，从而使解决问题的思路过于狭隘。因此，从业人员要注重创新思维的培养，使自己逐渐养成从多方位、多角度，运用多种方法思考问题的良好习惯。

4. 创新方法有误

创新方法是人们通过研究有关创造发明的思路和过程，经过归纳、分析和总结而得出的一些原理、技巧和方法。正确且合理地使用创新方法，有助于从业人员从多种思维角度考虑问题，快速精准地找到解决问题的办法，锻炼综合分析能力、想象能力和解决问题的能力等，进而提升创新能力。因此，从业人员要学会掌握并灵活运用各种创新方法，增强创新成果的实效性。

5. 创新毅力不足

创新能力的大小基于人们对事物的认识程度，而认识具有反复性和上升性。实践是认识发展的动力，只有在长期的实践中，认识和分析事物的水平才能不断增强，创新能力才能不断得到锻炼和提升。

但是，实践的过程并不都是一帆风顺的，常伴随着挫折和失败。因此，个人创新能力的提升需要持之以恒的毅力，从业人员在面对新情况、新问题时，要坚定创新自信，克服畏难心理，磨炼创新意志，正确对待失败，不被困难所击倒，不为失败所沮丧。

二、提升创新能力的方法

（一）培养创新思维

提升创新能力的首要条件就是具备创新思维。创新思维能突破常规思维的界限，以超常规甚至反常规的方法、视角去思考问题，提出与众不同的解决方案，从而产生新颖的、独到的、有社会意义的思维成果。常见的创新思维主要有以下几种。

1. 发散思维

发散思维，又称“辐射思维”“放射思维”“扩散思维”，是指思路从某一中心向不同层次、不同方向辐射，从而引出许多新信息的思维方式。从一定程度上说，人与人之间创新能力的差别就体现在发散思维能力上。

发散思维能使人们由单向思考转为多向思考或者立体思考，尽可能地赋予所涉及的人、事、物以新的性质，通过“一题多解”“一事多写”“一物多用”等方式提升自己的创新能力。例如，当被问及“照明”的工具有哪些时，人们可以想到油灯、白炽灯、LED 灯、太阳能灯、蜡烛、手电筒、火柴、火把等。

课堂活动

假如你所在的公司需要为新研发的一款香皂策划营销方案，想通过展示香皂的不同用途，来获得更多顾客的青睐。请你运用发散思维，尽可能多地想一想香皂的用途。

2. 收敛思维

收敛思维，又称“聚合思维”“求同思维”“集中思维”，是指将各种信息围绕某个中心进行选择、归纳和重新组合的思维方式。收敛思维能使人们将研究对象的范围一步一步缩小，通过抽丝剥茧的方式，揭示出隐藏在事物表面的核心问题，从而彻底解决问题。

知识视窗

发散思维与收敛思维的关系

发散思维是为了解决某一问题，从这一问题出发，想到的解决办法、途径越多越好，总是追求还有没有更多的办法。而收敛思维与发散思维相反，它在解决问题时，总是尽可能地在众多的现象、线索、信息中，朝着问题的一个方向思考，根据已有的经验、知识或发散思维中针对问题的最好办法去得出最好的结论和最好的解决办法。

由此可见，发散思维以收敛思维为基础，收敛思维以发散思维为导向；发散的结果还要由收敛思维去加工整理。

发散思维与收敛思维相互协同、交替运用的过程，就是创造性思维得以发挥的过程。任何一个创造活动的全过程，都要经过从发散思维到收敛思维，再从收敛思维到发散思维的多次循环，直到解决问题。

3. 联想思维

联想思维就是将所观察到的某种现象与所要研究的对象加以关联并展开思考，从而获得新知识的思维方式。人们常说的“由此及彼”“由表及里”“举一反三”等就是联想思维的体现。联想思维能使人们扩展思维范围，开拓思维层次，升华对事物的认识，在两个或两个以上的事物之间建立联系。联想思维的形式一般分为以下几种。

（1）接近联想。接近联想是指由一个事物联想到与其在时间、空间或某种联系上相接近的另一个事物。例如，由“桃花”想到“阳春三月”，由“蝉鸣”想到“盛暑”，由“书本”想到“教室”，由“大雁南去”想到“秋天到来”等。

（2）类比联想。类比联想是指由一个事物联想到与其在性质、形态上接近或相似的另一个事物。例如，由“绿色”想到“青春”，由“红色”想到“革命”，由“白色”想到“纯洁”等。

（3）对比联想。对比联想是指由一个事物联想到与其具有相反特点的另一个事物。例如，由“白”想到“黑”，由“高”想到“矮”，由“胖”想到“瘦”，由“高兴”想到“忧伤”，由“自由”想到“禁锢”，由“朋友”想到“敌人”，由“战争”想到“和平”等。对比联想容易使人看到事物的对立面，对于全面认识和分析事物有重要的作用。

4. 逻辑思维

逻辑思维，又称“抽象思维”，是指人们在认识事物的过程中，借助概念、判断、推理等，能动地反映客观现实的思维方式。逻辑思维能使人们把握事物的本质特征和规律性联系，从感性认识阶段上升为理性认识阶段。

课堂活动

请同学们用逻辑思维思考以下几个问题。

（1）在 8 个同样大小的杯中，有 7 杯盛的是凉开水，1 杯盛的是白糖水。你能否只尝 3 次，就找出盛白糖水的杯子？

（2）假设一个池塘里面有无穷多的水。现在有两个空水壶，容积分别为 5 升和 6 升。请问，如何用这两个水壶从池塘里取得 3 升的水？

（3）一个人花 8 块钱买了一只鸡，9 块钱卖掉了。然而他觉得不划算，花 10 块钱又买了回来，11 块钱卖给另外一个人。请问，他赚了多少？

（4）假设烧尽一条不均匀的绳子要用一个小时的时间，现在有若干条材质相同的绳子。请问，如何用烧绳的方法来计时半个小时呢？

5. 逆向思维

逆向思维，又称“求异思维”，是指否定原有的结论或思维方式，运用新的思维方式，从问题的相反面探究事物的内在规律，从而获得新认识的思维方式。逆向思维能使人们克服思维定式，破除由经验和习惯造成的僵化认识模式，从事物的反面来思考并解决问题。

打破传统思维模式，坚持创新

80多岁的钟本和，已在中国磷化工领域耕耘了60余年。她带领团队首创了料浆浓缩法制磷铵工艺（以下简称“料浆法”），为中国磷化工事业的发展做出了重要贡献。

20世纪70年代，中国农业发展遇到瓶颈，土壤缺磷导致农作物“苗壮实不壮”，极大地影响了农业生产。中国能够生产磷铵的磷矿石，集中于云南、贵州、四川、湖北等地区，但多为杂质含量高的低品位胶磷矿。

磷铵作为一种最主要的高浓度氮磷复肥品种，在现代磷肥的生产和消费中占有极其重要的地位。在20世纪，磷铵的生产工艺主要是浓缩磷酸法，这对磷矿石的质量要求很高。国内低品位矿石采用浓缩磷酸法，容易使杂质结垢，很难直接用于生产高浓度磷肥。很多科技工作者绞尽脑汁也未能实现磷铵生产工业化。

而料浆法就是一个逆向思维的产物，最开始面临的是一片质疑。“当时反对的声音很大，说别的国家都是浓缩磷酸，你咋来个逆向思维，要浓缩料浆。甚至有人怀疑我是在异想天开。”钟本和说。但是，他们团队在实验室的数据和成果证明料浆浓缩法是可行的，所以他们想试一下。

之后，钟本和团队与四川省银山磷肥厂共同进行了料浆法的实验室和中间试验规模的开发研究。“实验室跟工厂结合后，我们做一个浓缩罐试验，结果比较好，我们就更有信心了。”

浓缩罐试验之后，工厂便上了4 000吨规模的中间试验。前期的基础研究和4 000吨的规模中间试验成果，于1988年获得了国家科技进步一等奖。之后，料浆法逐步实现产业化，为我国生产了大量优质高效的磷铵复合肥料。

料浆法打破了国外的技术垄断，结束了中国中低品位磷矿不能生产磷铵的历史，彻底扭转了中国长期依赖进口磷铵生产磷肥的局面，实现了中国粮食增产、农业利润增收，保障了中国的粮食安全。

资料来源：参考网（有改动）

（二）掌握创新方法

创新方法是通过研究一个个具体的创新过程，如创新的题目是怎样确定的，创新的设想是怎样提出的，设想又如何变成现实等，从而揭示创新的一般规律和程序。

1. 头脑风暴法

头脑风暴法，又称“智力激励法”“自由思考法”“畅谈法”“集思法”，是指所有人员在融洽且不受任何限制的气氛中，以会议的形式进行专题讨论，充分发表各自看法的一种集体研讨方法，其目的在于产生新的观念或激发创新设想。一般而言，实施头脑风暴法应遵循以下步骤（见图 5-1）。

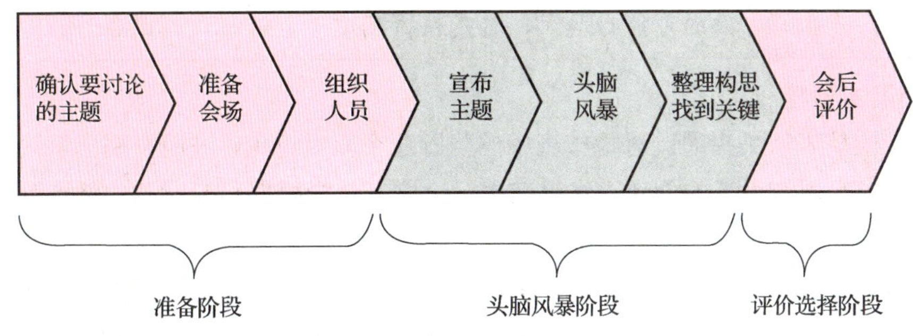

图 5-1 头脑风暴法的实施步骤

（1）准备阶段。在这一阶段，会议主持人首先应确认要讨论的主题，找到问题的关键，设定解决问题所要达到的目标，同时选定参会人员（一般不超过 10 名），然后将会议的时间、地点，所要解决的问题，可供参考的资料和设想，以及需要达到的目标等事宜提前告知与会人员，让大家做好充分的准备。

（2）头脑风暴阶段。在这一阶段，首先，会议主持人需要介绍头脑风暴法的基本原理、原则及要求，介绍本次会议的主题。然后，会议主持人引导与会人员自由发言，自由想象，使彼此相互启发，相互补充，真正做到知无不言，言无不尽，畅所欲言。同时，会议记录人员做好会议发言的记录。

（3）评价选择阶段。在这一阶段，会议主持人需要将与会人员提出的所有想法整理成若干方案，再根据相关标准进行筛选和评价，经过反复比较，优中择优，最后确定出 1～3 个最佳方案。

知识视窗

头脑风暴法的实施原则

实施头脑风暴法时，为保证与会人员能够畅所欲言，互相启发，所有人员必须严格遵守以下原则。

（1）自由畅谈原则。会议要创造出一种自由、活跃的气氛，使与会人员不受任何条条框框的限制，放松思想，从不同角度、不同层次、不同方位大胆地展开想象，各抒己见，尽可能地提出标新立异、与众不同的想法。

（2）延迟评判原则。所有与会人员当场不对他人提出的任何设想做出评价，既不肯定或否定某个设想，也不对某个设想发表任何评论性的意见，一切评价和判断都要延迟到会议结束之后才能进行。

（3）禁止批评原则。每名与会人员都不得对他人提出的设想提出批评意见，因为批评会对创造性思维会产生抑制作用。即使自己认为他人的想法是幼稚的或是错误的，甚至是荒诞离奇的，也不得予以驳斥。

（4）追求数量原则。所有与会人员都要抓紧时间多思考，尽可能多地提出设想。设想越多，产生好方法的可能性越大，这是获得高质量创造性设想的条件。

2. 奥斯本检核表法

奥斯本检核表法是指通过对检核表中的问题逐个核对讨论，进而发掘出解决问题的大量设想，以求得周密思考的创新方法。其中，检核表是指根据研究对象的特点列出相关问题而形成的列表。

奥斯本检核表法引导人们对研究对象九个方面的问题进行思考，即能否他用、能否借用、能否扩大、能否缩小、能否改变、能否替代、能否调整、能否颠倒和能否组合。

（1）能否他用，即现有的事物除了现有的功能外，是否还有其他用途。例如，有人想出了花生的 300 种使用方法，仅仅是用于烹饪，就想出了煮、炸、炒、磨浆等 100 多种方法。

（2）能否借用，即能否将其他事物中的原理、结构、方法、材料等应用到现有的事物中。例如，电灯起初只用来照明，后来，人们从电灯的光线中得到了启发，改变了光线的波长，从而发明了紫外线灯、红外线加热灯、灭菌灯等。

（3）能否扩大，即现有的事物能否扩大面积、扩大声音、扩大距离、延长时间、延伸长度、加高高度、增加数目等。例如，牙膏中加入某种配料，便成为具有某种附加功能的牙膏。

（4）能否缩小，即现有的事物能否缩小、缩短、减少、减轻、分解、折叠、卷曲、删减等。这是一种精益求精式的思考方法，如袖珍式收音机、微型计算机、折叠伞等就是“缩小”的产物。

（5）能否改变，即现有的事物能否从形状、制作工艺、结构等性质上做出改变。例如，把方形改成圆形，把直的改成弯的，把红色的改成蓝色的，把无味的改成有味的等。

（6）能否替代，即现有的事物能否用其他物品、材料、元件、结构等代替。例如，用充氩的办法来代替电灯泡中的真空，可以提高钨丝灯泡的亮度；用液压传动来替代金属齿轮，可以在工业生产中节省金属材料。

（7）能否调整，即现有的事物或事物的一部分能否变换排列顺序、位置、型号、材料等。例如，飞机诞生的初期，螺旋桨是安装在飞机头部的，后来，人们将螺旋桨安装在飞机顶部，发明了直升机；将螺旋桨安装在飞机尾部，发明了喷气式飞机。

（8）能否颠倒，即现有的事物能否从功能、结构、原理、里外、上下、左右、前后、横竖、因果等角度颠倒过来使用。例如，以前的工厂生产模式是工人们围着机器和零件转，生产效率较低，后来人们改变了工序，让零件围着工人们转，逐渐发展出流水线式的生产模式，从而大大提高了生产效率。

（9）能否组合，即现有的事物能否与其他的事物在原理、材料、功能等方面进行组合。例如，把铅笔和橡皮组合在一起，就有了带橡皮的铅笔；把几种金属组合在一起，就有了性能各不相同的合金。

奥斯本检核表法是一种较为实用的创新方法，表 5-1 是该方法在改进手电筒方面的运用。

表 5-1　手电筒的创新思路

序号	检核类别	引出的发明
1	能否他用	其他用途：信号灯、装饰灯
2	能否借用	增加功能：加大反光罩，增加灯泡亮度
3	能否扩大	延长使用寿命：使用节电、降压开关
4	能否缩小	缩小体积：1 号电池→2 号电池→5 号电池→7 号电池→8 号电池→纽扣电池
5	能否改变	改一改：改灯罩、改小电珠、使用彩色电珠等
6	能否替代	代用：用发光二极管代替小电珠
7	能否调整	换型号：两节电池直排、横排，改变式样
8	能否颠倒	反过来想：手电筒可以不用干电池，用磁电机
9	能否组合	与其他组合：带手电筒的收音机、带手电筒的手机、带手电筒的钟表等

3．5W2H 分析法

5W2H 分析法，又称“七问分析法”。该方法利用五个以字母 W 开头的英文单词和两个以字母 H 开头的英文单词进行设问，以发现解决问题的线索，寻找创新思路，进行设计构思，从而产生新设想的创新方法。

5W2H 分析法既可以准确界定问题，清晰表述问题，提高工作效率，又有助于对问题进行全面思考和分析，避免在流程设计中出现遗漏。其具体内容如下。

（1）What——是什么？目的是什么？做什么工作？

（2）Why——为什么要做？可不可以不做？有没有替代方案？

（3）Who——谁？由谁来做？

（4）When——何时？什么时间做？什么时机最适宜？

（5）Where——何处？在哪里做？从哪里入手？

（6）How——怎么做？如何提高效率？如何实施？方法怎样？

（7）How much——多少？做到什么程度？数量如何？质量水平如何？费用产出如何？

4. 组合创造法

组合创造法是将两种或两种以上的技术或产品的一部分，根据原理、材料、工艺、方法、零部件等不同的属性抽取合适的技术要素，进行重新组合，从而形成组合优势，获得新产品、新材料或新工艺的创新方法。依据组合方式的不同，组合创造法可分为主体附加法、同类组合法和异类组合法。

（1）主体附加法。主体附加法是在某种产品上附加新的部件，使主体产品的功能或性能略有拓展，从而让消费者在拥有主体产品的同时获得锦上添花式的附加利益。例如，穿上衣服的玩具娃娃、带指南针功能的手表、能测量温度的奶瓶、带照相功能的手机等。

（2）同类组合法。同类组合法是将两个或两个以上相同或相似的事物进行简单重叠的方法。在同类组合中，参与组合的对象与组合前相比，其基本性能和基本结构一般不会发生根本性的变化。在生活中，运用同类组合法的创新产品有多头铅笔、子母灯、双插座等。

（3）异类组合法。异类组合法是指将来自不同领域的两种或两种以上不同类别的事物进行重叠的方法。在异类组合中，被组合的事物彼此间一般没有明显的主次之分，参与组合的事物可以从意义、原则、构造、成分和功能等任意一方面或多个方面互相进行渗透，从而使组合后的整体发生变化。例如，将显示屏和电话进行有机组合的可视电话。

课堂活动

运用异物组合法将你身边的任意东西（如衣服、帽子、鞋子、袜子、书包、玩具汽车、水果、餐具、电脑、手机、铅笔、书本等）组合起来，看看有什么新的创意？

5. 列举法

列举法是一种通过分析具体事物的特定对象，从逻辑上将其本质内容罗列出来，再提出相应的改进策略的创新方法。依据列举对象的不同，列举法可分为属性列举法、缺点列举法、希望点列举法和成对列举法。

（1）属性列举法。属性列举法是通过逐一列举某一事物的属性（如功能、材质等），然后针对每一项属性提出可能改进的方法，或改变某些特质（如大小、形状、颜色等），使产品产生新的用途。

（2）缺点列举法。缺点列举法是通过不断发掘事物的各种缺点，再针对这些缺点一一提出解决或改善问题的对策的创新方法。

（3）希望点列举法。希望点列举法是从人们的需求和愿望出发，根据人们提出来的种种希望，经过研究、归纳、总结，将所提出的希望具体实现的创新方法。例如，人们希望像鸟一样飞翔，于是发明了热气球、飞机；人们希望冬暖夏凉，于是发明了空调；人们希望夜间上下楼梯时，路灯能自动亮、自动灭，于是发明了声控开关。

（4）成对列举法。成对列举法是通过列举两种不同事物的属性，并将这些属性进行组合（见图 5-2），通过相互启发，分析和筛选出可行的组合，形成新的设想的创新方法。

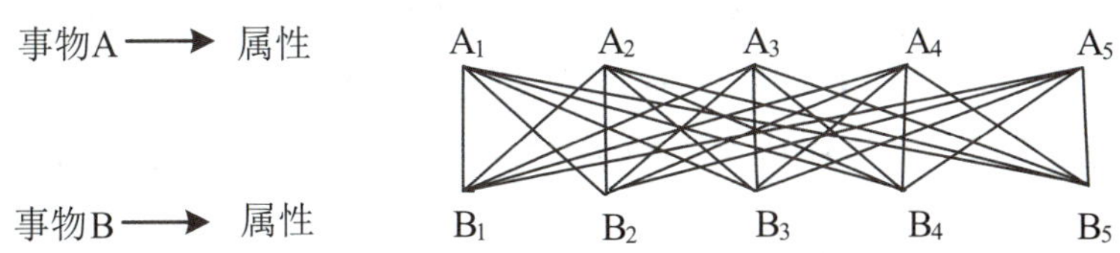

图 5-2　成对列举法示意图

实践活动　头脑风暴——思维的碰撞可以创造奇迹

【活动背景】

当今社会的竞争，与其说是人才的竞争，不如说是人的创新能力的竞争。创新能力是当代大学生必须具备的职业能力之一。它不仅影响着大学生的求职就业，也关系着大学生今后在职场中能否得到公司的重视和青睐，从而获得自身职业的发展。为帮助学生熟悉头脑风暴法的实施原则与实施步骤，学会用头脑风暴法解决问题，提升创新能力，请同学们以“如何增加班级凝聚力”为主题，组织一次头脑风暴讨论会。

【实施步骤】

（1）全班同学以 5～8 人为一组进行分组，并选出一名会议主持人和一名会议记录员，然后将小组成员及分工情况填写入表 5-2 中。

表 5-2　小组成员及分工情况

小组成员	姓名	学号	任务分工
会议主持人			
会议记录员			
组员			

（2）各组会议主持人引导小组成员根据会议主题集思广益，畅所欲言。会议记录员要将本小组成员所提的建议全部记录下来，并时刻把控会议的进展情况。

（3）各组会议主持人将搜集到的大量观点进行整合，从中筛选出可行方案并进行评估，确定出最终的讨论结果。

（4）各组以抽签的方式决定分享顺序，然后由各组会议主持人轮流汇报小组最终的讨论结果。在规定时间内，看看哪个小组提出的方案最多。

（5）活动结束后，教师针对本次活动的整体情况做总结性发言。

活动评价

采取自评、小组互评和教师评价相结合的方式完成考核评价，并将其结果填写在如表 5-3 所示的考核评价表中。

表 5-3　考核评价表

项目名称	评价内容	分值	评价分数		
			自评	互评	师评
知识与技能考核（60%）	能够积极思考，充分发表自己的看法	20			
	能够严格遵守延迟评判原则，当场不对其他人的设想发表任何评论性的意见	20			
	发表观点时表述清晰，详略有当	20			
综合素质考核（40%）	态度端正，能够积极参与讨论	10			
	诚恳礼貌，举止文明	10			
	思想健康，积极向上	10			
	有较强的团队精神和集体荣誉感	10			
合计		100			
总评	自评（20%）+互评（20%）+师评（60%）=	教师（签名）：			

复习与思考

一、不定项选择题

1. 从业人员在各种职业活动中都必须具备的基本能力是（　　）。

   A. 一般职业能力　　B. 关键职业能力

   C. 综合职业能力　　D. 特殊职业能力

2. 依据沟通所采取载体的不同，沟通可以分为（　　）。

   A. 语言沟通　　B. 非语言沟通

   C. 正式沟通　　D. 非正式沟通

3. 团队合作能够（　　）。

A．提高团队成员的积极性　　B．增强团队的凝聚力

C．提高工作效率　　D．获取有效信息

4. 执行能力是指贯彻战略意图，完成预定目标的操作能力。它包含完成任务的（　　）。

A．意愿　　B．能力

C．程度　　D．水平

5. 实施头脑风暴法时，为保证与会人员能够畅所欲言，互相启发，所有人员必须严格遵守（　　）原则。

A．自由畅谈　　B．延迟评判

C．禁止批评　　D．追求数量

6. 依据列举对象的不同，列举法可分为（　　）。

A．属性列举法　　B．缺点列举法

C．希望点列举法　　D．成对列举法

二、判断题

1. 一般职业能力和特殊职业能力是相互关联、相互促进的关系。（　　）

2. 从业人员在倾听时，要学会从说话者的表述中提炼出主要观点，过滤掉非必要的信息。（　　）

3. 从业人员要想成为团队中受欢迎的人，需要主动关心团队成员。（　　）

4. 从业人员要提升执行能力，就必须树立起强烈的责任意识和进取精神，坚决克服不思进取、得过且过的心态。（　　）

5. 发散思维能使人们由单向思考转为多向思考或者立体思考。（　　）

6. 可视电话机是将显示屏和电话进行有机组合而创造出来的。这属于组合创造法中的同类组合法。（　　）

三、简答题

1. 简述职业能力的特征。

2. 简述与上级沟通的方法。

3. 简述团队合作的原则。

4. 简述奥斯本检核表法的主要内容。

四、案例分析

小王是一名参加工作不久的职场新人。她做事认真细致，和同事相处融洽，可是她不愿意主动和她的上级张经理交流。其实，她挺欣赏张经理的，认为他工作认真，有才华，对下属负责，但是她一见张经理就紧张，每次都是能躲则躲，避免和张经理有太多的沟通。

有一次，小王没有听清楚张经理给她安排的工作任务，又不好意思主动找张经理问清楚，于是就按照自己理解的意思去处理，结果造成了工作的严重失误，还耽误了团队的工作进度。

张经理事后了解到具体原因后，对小王进行了严厉的批评，这使小王在之后的工作中更害怕与张经理直接沟通。慢慢地，张经理觉得小王工作过于被动，从来不向自己主动汇报工作，也就很少把重要的任务交给她。

还有一次，有一个很好的学习培训机会，但是名额有限，需要有意愿的员工自己申请争取。小王很想把握住这个机会，但她想了想，又犹豫了，因为参加这个培训活动需要经常和张经理保持沟通，她觉得自己根本做不到，最终选择了放弃。

问题：假如你是小王，你会采取怎样的措施挽回这种被动的局面？

项目六 应用写作

素质目标

（1）培养良好的应用写作能力和文字表达能力。
（2）提高规范处理工作和传递信息的意识，养成良好的工作作风。
（3）培养科学的逻辑思维能力，辩证客观地看待问题。

知识目标

（1）了解条据、启事、倡议书、申请书、计划和总结的基础知识。
（2）掌握条据、启事、倡议书、申请书、计划和总结的结构与写法。
（3）明确撰写条据、启事、倡议书、申请书、计划和总结的注意事项。

能力目标

（1）能够运用所学知识解决日常工作和生活中出现的应用写作问题。
（2）能够根据实际情况选用合适的文书并按照规范格式进行撰写。

学习导航

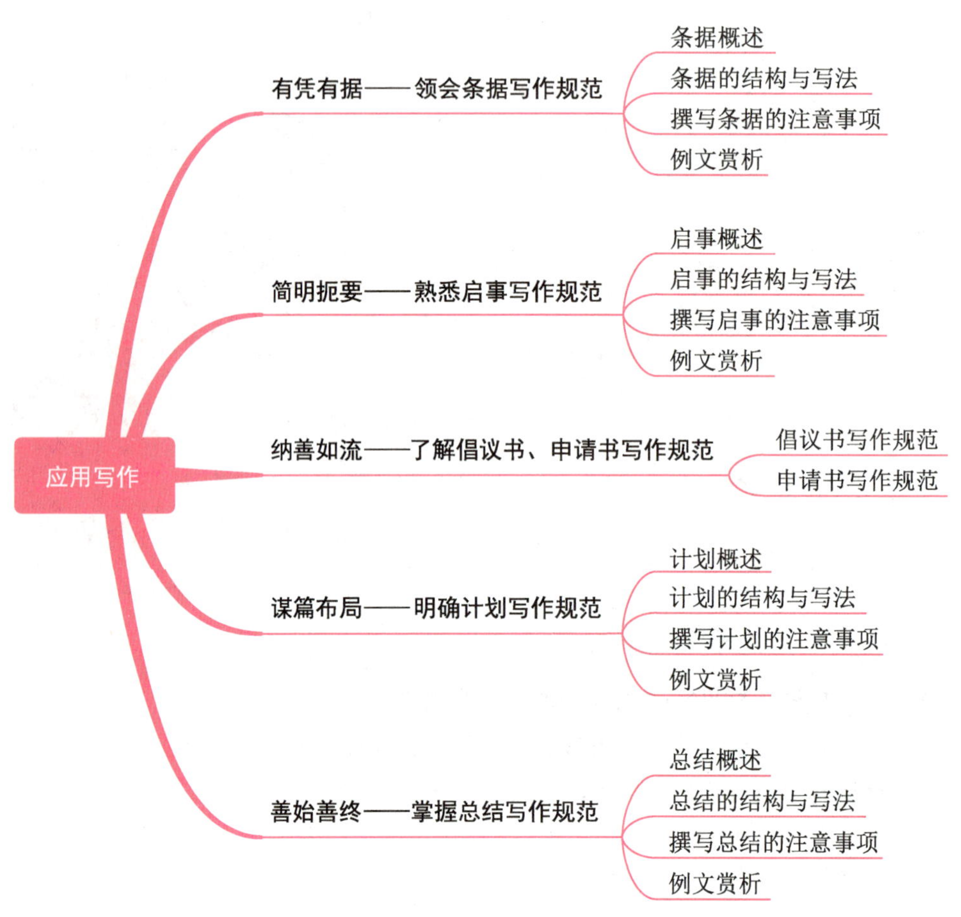

引导案例　职场中的写作能力

小美大学毕业后，在一家公司做行政文员，主要负责收发、打印或复印各种文件、撰写会议纪要等行政工作。当时公司正处于发展的上升期，为了更好地塑造企业形象，公司申请了微信公众号，主要用来发布一些内部的团建活动和会议通知等内容。刚开始需要宣传的内容不是很多，于是，运营公司微信公众号的工作就被安排给了小美。

公司领导一开始并没有重视微信公众号的运营工作，想着能有人维护着，点击进去有内容就行。但小美觉得公司的微信公众号对外代表了企业的文化价值观，对内展示了企业风貌，有助于提升员工的认同感，既然这个工作安排给了自己，那一定要端正态度，严肃认真地做好，不能给公司带来不好的影响。

于是，每当公司举办活动时，小美都会积极参与并认真观察和记录，为微信公众号的文章提供相关素材。此外，在写作时，她也会仔细推敲文字之间的逻辑关系，以及版面设计问题。工作之余，她还会关注行业内其他公司的微信公众号，研究它们所发布的文章选题内容、组织架构、语言表述和排版等，仔细分析其中的优缺点，不断提高自己的写作水平。

后来，小美所在公司的微信公众号发布的文章越来越多，关注度也越来越高，获得了行业内其他公司的夸赞，为公司赢得了一些潜在客户，树立了良好的企业形象，提高了企业的知名度和吸引力。小美也因为“写东西还可以”被提拔为总经理助理。

思考：你认为在职场中写作能力重要吗？有什么方法可以快速提高自己的写作能力？

模块一 有凭有据——领会条据写作规范

一、条据概述

（一）条据的概念及特点

条据是人们在处理日常事务时使用的作为某种凭据的应用文。在日常工作和生活中，人们在收到、借到、领到，或欠了他人钱物时，一般需要写一张字条交给对方作为凭据；需要对某件事情做简单说明以求达到彼此沟通情况的目的时，也需要写一张字条留给对方。这些作为凭证、进行说明的字条就是条据。

条据具有形式简单、内容单一、语言简明、时效性强等特点，是最常见的一种简便应用文。

（二）条据的分类

依据内容和性质的不同，条据一般可分为凭证式条据和说明式条据。

1. 凭证式条据

凭证式条据，又称“单据”，是指在日常工作和生活中，人们在收到、借到、领到，或欠了他人的钱财、物品时，写给对方作为凭证的条据。凭证式条据的种类较多，应用广泛，常用的主要有收条、借条、领条、欠条等。

知识视窗

借条与欠条在法律上的区别

1．性质不同

借条本质上是双方当事人就借款一事达成合意的凭证，一般认为其属于合同，同时可以作为债权凭证。欠条本质上就是债权凭证。

2．形成原因可能不同

借条一般是基于特定的借款事实产生的；而欠条则可以基于多种事实产生，如买卖、劳务或企业承包等产生的欠款都可以形成欠条。因不同事实产生的欠条，最终造成的法律后果也是不同的。

3．诉讼时效的起算时间可能不同

约定了还款日期的借条和欠条，其诉讼时效的起算时间均为约定还款日期的当日。

没有约定还款日期的借条和欠条，其诉讼时效的起算时间是有区别的。对于没有约定还款日期的借条，出借人（即放款人）可以随时要求借款人还款，其诉讼时效从出借人要求还款的次日起计算；而对于没有约定还款日期的欠条，其诉讼时效从借款人出具欠条的次日起计算。

此外，对于没有约定还款日期的借条和欠条，在双方当事人通过诉讼方式解决纠纷时，欠条诉讼时效起算时间的举证要求更高。

资料来源：百度百科（有改动）

2．说明式条据

说明式条据，又称“便条”，是一种简便的书信或通知，是指当人们在临时遇到某事需要告知他人，或委托他人办事，而又不能面谈的情况下所写的一种条据。

常用的说明式条据主要有请假条、留言条和托事条。说明式条据通常采用直接面交、托人转交或临时放置在特定的位置的方式告知对方，有时甚至写在公共场所的留言板或留言簿上。其内容简单，大多是临时性的询问、留言、通知、要求、请示等，往往用一两句话就能表述清楚。

二、条据的结构与写法

（一）凭证式条据的结构与写法

凭证式条据一般由标题、正文和落款三部分构成，如图 6-1 所示。

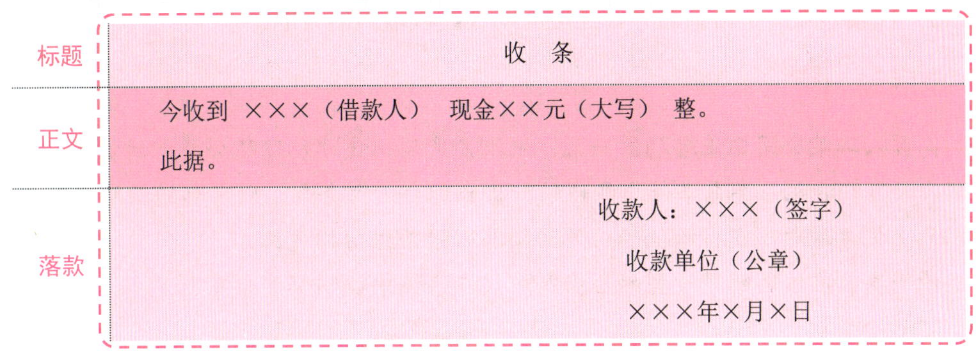

收　条

今收到 ×××（借款人） 现金××元（大写） 整。

此据。

收款人：×××（签字）

收款单位（公章）

×××年×月×日

图 6-1 凭证式条据的结构模板（以收条为例）

1. 标题

凭证式条据的标题有以下两种写法。

（1）以文种名称为标题，如“收条”“借条”“领条”“欠条”等。

（2）以“今收到”“今借到”“今领到”“今欠”等作为标题。

2. 正文

凭证式条据的正文应写明凭证式条据涉及的各方的姓名或名称，涉及的钱物、数量、型号等。必要时，还应写明收（借、领、欠）钱物的原因、用途、归还时间等事项。各类凭证式条据正文的写作要点如下。

（1）收条：应写明所收款项的金额或所收物品的种类、名称、规格、数量和完好程度等，必要时还应写明原因或用途。

（2）借条：应写明出借人的姓名及必要信息；所借款项的金额（包括大写和小写）、用途、归还日期，或所借物品的品种、型号、式样、规格等信息。

借条怎么写？

（3）领条：应写明从何处领到什么物品，写清楚所领钱财金额或物品的数量、品种、型号等，必要时还应写明所领钱财、物品的具体用途。

（4）欠条：应写明所欠款项的金额或物品的数量、归还时间等，必要时还应写明归还方式、所欠原因等。

借条与收条的文末以“此据”收尾，或另起一行空两格书写“此据”“特此为据”等字样，以示此据具有凭证性。

3. 落款

凭证式条据的落款包括署名和日期。署名应注意以下事项。

（1）署名者为个人时，应在姓名前写明“收款人”“借款人”“领取人”“代领人”“欠款人”等字样，并手写签名。

（2）署名者为单位的，应由经手人手写签名并加盖公章，并在姓名前写明“收款人”“借款人”“领取人”“代领人”“欠款人”等字样。

（3）代领人除了手写签名外，还应写明委托领取人的姓名。

课堂活动

高磊入职某公司销售部的第一天，被派去采购销售部元旦晚会所需的物品，各项费用合计 5 000 元。高磊拿着总经理的批条来到公司财务部，财务部的出纳人员表示可以马上把这笔款项支付给他，但他必须写一张条据留作凭证。

请问高磊应该写哪种类型的条据？应该在条据中说明哪些事项？

（二）说明式条据的结构与写法

说明式条据一般由标题、称谓、正文和落款四部分构成，如图 6-2 所示。

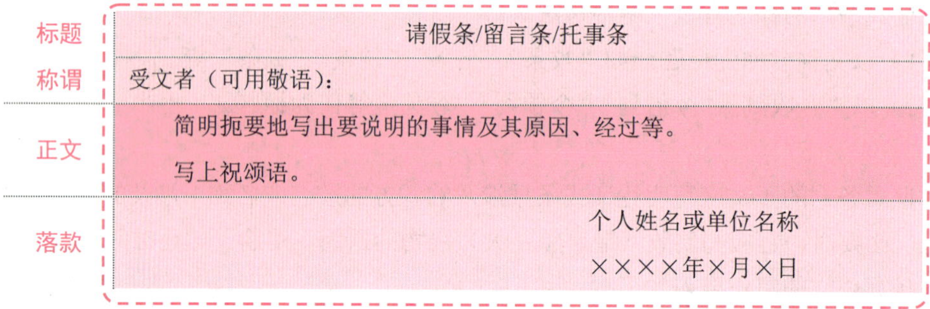

图 6-2 说明式条据的结构模板

1. 标题

说明式条据的标题可直接写为“请假条”“留言条”“托事条”等。

2. 称谓

说明式条据的称谓应写在首行顶格处，可用敬语，后加冒号，如“尊敬的王老师：”。

3. 正文

说明式条据的正文应简明扼要地写出要说明的事情及其原因、经过等。各类说明式条据正文的写作要点如下。

（1）请假条：应详细写明请假的原因和请假的起止时间。正文结束时应礼貌地写上“望予以批准”“恳请准假”等类似话语。

（2）留言条：应简要写明自己的意图和需求，最好留下联系方式。尤其是双方从未打过交道时，更应告诉对方自己的姓名、身份及联系方式，具体问题一般面谈。

（3）托事条：务必用语委婉、礼貌、得体，详细地写明所托之人、所托之事、具体要求及本人身份等。

为表示礼貌，文末可以附上祝颂语，如“祝安好”“特此感谢”“特此拜托”等，也可省略祝颂语。

4. 落款

说明式条据的落款处应写明个人姓名或单位名称，并写明具体的成文日期。

知识视窗

说明式条据与凭证式条据写法的不同之处

总体而言，说明式条据与凭证式条据写法的不同之处在于称谓和结尾。

（1）称谓。说明式条据需要写称谓，而凭证式条据则不需要。称谓是指人们基于身份、职业等建立起来的名称，如学生、老师、首长等，表示对对方的尊重。从业人员在写称谓时，一定要注意顶格写。

（2）结尾。凭证式条据的正文通常以“此据”“特此为据”等收尾，以示此据具有凭证性。而说明式条据通常以“祝颂语”或“致敬语”作为结尾，以示敬意、祝愿或勉励，如“此致 敬礼”等。其中，“此致 敬礼”有以下两种写法：① 在正文之下直接另起一行空两格写“此致”，在“此致”的下一行顶格写“敬礼”；② 正文之后紧接着写“此致”，后面不加标点符号，另起一行空两格写“敬礼”。

三、撰写条据的注意事项

（1）对外使用的条据，单位名称应写全称。

（2）当条据中涉及款项、物品的数量时，数量词必须大写（如壹、贰、叁等），数字前不可留空白，后面应写上计量单位（如元、个、架等）。若数量为整数，则应在计量单位后面写上“整”字，以防他人添加或篡改。

（3）若写错内容，则应重写一张；如果不得不涂改，则涂改后必须在涂改处加盖印章或按手印以示负责。

（4）语言应简练，语意应明确，不能产生歧义。例如，“还欠款 4 000 元”，“还”字有“huán”和“hái”两种读音，容易产生歧义，引发纠纷。

（5）条据应用签字笔或钢笔书写，不可用铅笔或圆珠笔书写，以避免久放后字迹变得模糊不清。

（6）条据的日期应明确具体，以免被人故意拖延。

四、例文赏析

【例文一】

借　条

今借到公司设备管理部音响设备壹套（包括主机、功能机各壹台，音响两台，话筒叁个），照相机（两台），摄像机（壹台），用于业务部的客户回馈活动。2022 年 8 月 10 日之前送还。

此据。

业务部：李月（签字）

2022 年 8 月 1 日

评析：该借条写明了出借物品的部门，所借物品的品种、归还日期、数量和用途。全文语言简明，格式规范。

【例文二】

请假条

王老师：

因我表演的舞蹈被校团委选为 2021 年校迎新晚会的节目，所以，我需要参加 2021 年 9 月 6 日（周一）晚上的彩排活动，而无法参加当天晚上的班会，特请假一次。恳请批准！

此致

敬礼！

学生：宋明（签字）

2021 年 9 月 3 日

评析：该请假条写明了请假的原因和时间，语言简洁，态度恳切，用语礼貌，格式规范。

课堂活动

请修改下面的病文。

借　条

今借到李大伯 1 000 元钱，用于购买年货。两个月内归还。

借款人：小军（签字）

21 年 8 月

模块二 简明扼要——熟悉启事写作规范

一、启事概述

（一）启事的概念与特点

启事是指机关、团体、企事业单位及个人在需要公开声明某事时，或希望别人给予支持、协助办理某事时，所写的一种公告性的应用文。启事具有公开性、广泛性、回应性、自主性等特点。

（1）公开性。启事是面向大众告知相关事宜的，需要通过一定的媒介公布出来，如报纸、杂志、电台、电视台等。

（2）广泛性。启事的内容很广泛，涉及政治、经济、科学及日常生活等领域；启事的使用对象也很广泛，既可以是国家行政机关、企事业单位等，也可以是团体或个人。

（3）回应性。启事不同于只是向社会“告知”的声明，它要通过告知来得到社会的广泛回应，从而解决相关问题。

（4）自主性。启事不具备强制性和约束力。阅读者可以参与启事告知的事项，也可以不参与，有完全的自主权。

（二）启事的分类

依据具体内容的不同，启事可分为招领启事、征稿启事、寻人启事、招聘启事、招生启事、征集启事、开业启事、迁址启事、征婚启事等。依据公布形式的不同，启事可分为报刊启事、电视启事、广播启事、张贴启事等。

知识视窗

启事与启示

“启事”和“启示”的读音相同，但含义截然不同，不能通用。“启事”是为了说明某事而登载在媒体上或张贴在墙壁上的文字。这里的“启”是“陈述”的意思，“事”是指被说明的事情。而“启示”是指启发提示，开导思考，使人有所领悟。这里的“启”是“开导”的意思，“示”是把事物摆出来或指出来使人知道。

二、启事的结构与写法

启事一般由标题、正文和落款三部分构成，如图 6-3 所示。

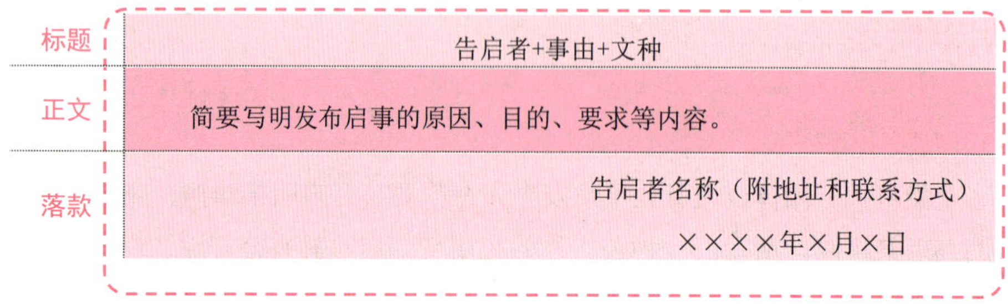

图 6-3　启事的结构模板

（一）标题

启事的标题位于正文上方的中间位置，用较为醒目的字体显示启事的名称。启事的标题有以下三种写法。

（1）告启者+事由+文种，如“华联超市搬迁启事”。

（2）事由+文种，如“出租启事”“‘青春之歌’征稿启事”。

（3）事由或文种，即只写事由或只写文种，如“招聘”“启事”。

（二）正文

启事的正文从标题下方另起一行空两格处开始书写。正文一般应写清楚在什么时间、地点，要办什么事情，有哪些要求。

因启事的文种不同，这部分的内容也各不相同。例如，招聘启事应写清楚招聘单位的性质，招聘目的、对象、人数，招聘的条件、待遇、方式，报名的时间、地点，咨询或联系电话等内容；招领启事要写清楚拾到物品的名称、时间、地点，以及失主的认领地址等，但切忌把拾到物品的详细情况写出，以免被人冒领。

（三）落款

启事一般要署名。署名时应写明告启者的姓名或名称，一般还要附上地址、联系方式等，并写明告启日期。

三、撰写启事的注意事项

（1）有醒目的标题，以便公众通过标题就能了解启事的主要内容与性质。

（2）一事一启，内容单一。一篇启事只能说明一个主旨，其内容应简明扼要，条理清楚，突出重点。

（3）通俗易懂，用语文明。启事的目的是让人们看到启事就明白有什么事、需要做什么和怎么做。因此，语言一定要浅显、通俗。此外，因启事是向大众公开的，其措辞应文明，符合礼仪规范。

四、例文赏析

【例文一】

招领启事

本商场工作人员于2022年8月1日下午在五层美食城拾到手提包壹个，内装人民币若干元，另有银行卡、信用卡、优惠卡等物，望失主持有效证件前来认领。

地点：本市宜家商场一层失物招领处

电话：138××××××××

商场办公室

2022年8月1日

评析：该招领启事清楚明白地写出拾到物品的名称、时间、地点，以及失主的认领地址等，但没有详细说明待认领之物的数量、具体特征等，能有效地避免冒领。

【例文二】

店徽征集启事

为了弘扬和传承中华饮食文化，提升酒店的文化品位，树立良好的企业形象，本酒店现向社会各界人士征集店徽。要求：图案新颖、简洁、有创意，能体现本酒店的文化传统和建筑物造型特征。入选者可获得优厚酬金。

请将应征作品的电子版以附件形式发至邮箱××××@163.com，邮件主题请写明“姓名+××酒店店徽征集”。

投稿截止日期（以发送电子邮件时间为准）：2022年10月30日

地址：××市××区××号××

电话：158××××××××

联系人：赵××

××酒店

2022年8月3日

评析：该征集启事直奔主题，点明了征集店徽的目的，说明了店徽设计的具体要求和投递作品的方法，并在文末写明了作品投稿期限和联系方式。全文结构完整，格式正确，符合写作要求。

课堂活动

下面是一则张贴在校园内的招领启事，请指出其错误并予以修改。

招领启事

昨天中午，本人在从教室到校礼堂的路上拾到一串钥匙。这串钥匙有五个是铝制的，两个是铜制的。拴钥匙的链上还挂着一只红色的塑料小熊猫。望失主前来认领。

王小杰

模块三　纳善如流——了解倡议书、申请书写作规范

一、倡议书写作规范

（一）倡议书概述

1. 倡议书的概念

倡议书是一种由某一组织或社团拟定、就某事公开提倡某种做法或发起某项活动，鼓动他人响应的专用书信。它作为日常应用写作中的一种常用文体，在现实社会中使用广泛，通常用于倡议公益事业或宣传新思想，如“节约用水倡议书”“保护益鸟倡议书”等。

2. 倡议书的特点

（1）群众性。倡议书可以在较大范围内调动人们的积极性，让所有人心往一处想、劲往一处使，齐心协力地为完成某项任务、做好某项工作而共同努力。

（2）不确定性。倡议书对倡议对象没有约束力。倡议书发出后，有关人员可以响应，也可以不响应。

（3）公开性。为了让更多的人了解和响应，倡议书一般都会广而告之，以期在最大范围内引起共鸣。

知识视窗

倡议书与建议书的异同

1. 相同点

（1）两者都是书信体。

（2）两者都具有结果不确定的特点。倡议书的事项需要他人的响应才可以实现，

而建议书的事项需要有关部门或人员采纳，才能得以实施。

2. 不同点

（1）倡议书一般面向公众，而建议书一般面向上级和主管部门。

（2）倡议者既是发起者，也是参与者，要对倡议书的内容率先垂范；建议者不一定直接去做某事，而是以商讨的语气建议对方做某事。

（二）倡议书的结构与写法

倡议书由标题、称谓、正文和落款四部分构成，如图 6-4 所示。

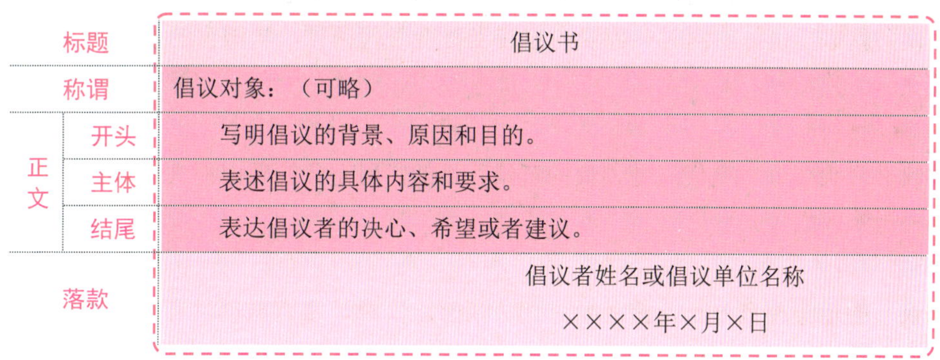

图 6-4 倡议书的结构模板

1. 标题

倡议书的标题有以下三种写法。

（1）直接以“倡议书”为标题。

（2）由“倡议内容+文种”组成，如“关于开展向劳动模范学习活动的倡议书”“让人类多一些朋友——保护野生动物倡议书”等。

（3）由“倡议对象+倡议内容+文种”组成，如“教育部、中国文字改革委员会等十五个单位提请大家说普通话的倡议书”“致全市广大青少年的诚信建设倡议书”等。

2. 称谓

倡议书的称谓，即倡议对象，如“全校同学”“全市青年”等，应写在标题下一行的顶格处。

3. 正文

倡议书的正文由开头、主体、结尾三部分构成。

（1）开头。开头要写明发出倡议的背景、原因和目的。倡议书的发出贵在引起广泛的响应，只有交代清楚提出倡议的原因及当时的背景事实，并申明发布倡议的目的，人们才会理解和信服，从而产生共鸣，进而才会自觉地行动；反之，会使人觉得莫名其妙，难以响应。

（2）主体。主体要写明倡议的具体内容和要求。倡议的内容一定要具体，即开展怎样的活动，做哪些事情，具体要求和措施是什么，均需一一写明。倡议的具体内容一般分条表述，以使其清晰明确，一目了然。

（3）结尾。结尾要写明倡议者的决心、希望或建议。倡议书的结尾一般不写祝颂语。

4. 落款

倡议书的落款包括倡议者姓名或倡议单位名称、倡议日期，应写在正文的右下方。

（三）撰写倡议书的注意事项

1. 实事求是，符合时代精神

倡议书应立足于具体问题、实际需要和实施条件。如果想当然、不着边际地倡议，写出的倡议书就毫无价值。同时，倡议内容应当符合时代精神，与国家的基本路线和重大方针政策保持一致。

2. 理由充分

倡议书开头部分应交代清楚倡议的背景、目的，用充分的理由使大家信服，从而使大家能够积极响应倡议。

3. 措辞得体

倡议书的篇幅不宜过长，措辞要恳切，情感应真挚，富有鼓动性和感召力。

（四）例文赏析

关于“汇聚向上向善力量 携手共建网络文明”的倡议书

全体运动员：

网络文明是社会文明的重要组成部分，构筑健康清朗网络空间、守护网络美好精神家园是每一位公民的重要责任。在此，中国奥委会运动员委员会号召大家，积极践行在首届中国网络文明大会上发布的共建网络文明行动倡议，文明用网，文明上网，努力成为网络文明建设的参与者、引领者和维护者。

一、牢固树立网络文明意识

大力弘扬和践行社会主义核心价值观，把网络素养提升、网络文明建设作为体育人承担时代使命、履行社会责任的重要方面，养成思想自觉和行动自觉。

二、严格规范日常网络行为

认真学习并自觉遵守互联网领域法律法规，以身作则，争当表率，争做新时代的好网民、好公民。做到网上网下相统一，在网络空间遵守道德规范，勿忘公序良俗，一言一行讲文明、树新风、扬正气。加强自我管理、自我约束，文明互动、理性表达。

三、进一步传播体育正能量

充分展现中国运动员顽强拼搏、敢于争先、健康阳光的精神风貌，向全社会、全世界展示中国体育良好形象，讲好中国体育动人故事。大力弘扬中华体育精神和奥林匹克精神，以优异成绩、优良作风，唱响昂扬旋律，激发爱国热情，增强民族凝聚力、向心力和自信心。

四、持续激发全民健身热情

学会运用互联网技术和信息化手段，利用体育专业技能，普及全民健身理念，传授科学锻炼知识，带动广大人民群众，特别是青少年积极参加体育活动，让人们在运动中享受乐趣、增强体质、健全人格、锻炼意志，实现全面发展。

五、坚决抵制网络不良现象

防止畸形“饭圈文化”和“偶像经济”乱象向体育领域蔓延，不做“流量明星”。增强风险防范意识，抵制各类虚假、低俗、有害的网络信息，巩固和传递社会主流价值观。

全体运动员，让我们行动起来，汇聚向上向善力量，携手共建网络文明，在建设体育强国的进程中践行“使命在肩、奋斗有我”的人生誓言，为全面建设社会主义现代化国家、实现中华民族伟大复兴的中国梦注入强大精神力量！

中国奥委会运动员委员会

2021 年 12 月 10 日

资料来源：人民网（有改动）

评析：该倡议书在开篇交代了发出倡议的原因，然后从牢固树立网络文明意识、严格规范日常网络行为、进一步传播体育正能量、持续激发全民健身热情、坚决抵制网络不良现象等五个方面提出倡议的内容和要求，号召全体运动员文明用网、文明上网，努力成为网络文明建设的参与者、引领者和维护者。该倡议书结构完整，语言精练，感情真挚。

二、申请书写作规范

（一）申请书概述

1. 申请书的概念及特点

申请书是个人或集体向组织、机关、企事业单位或社会团体表达愿望、提出某种请求时撰写的一种专用书信。申请书一般具有以下特点。

（1）申请性。申请性是申请书最显著的特点。写申请书是为了表达愿望、提出请求，通常希望得到对方的答复或批准。

（2）上行性。申请书是个人向组织或下级向上级表达愿望、提出请求的专用文书，要求态度诚恳，严肃，认真，用语严谨，不要堆砌辞藻。

（3）单一性。一份申请书只能申请一件事，不能同时申请多件事。

2. 申请书的分类

申请书的使用范围比较广，种类也很多。依据作者的不同，申请书可分为个人申请书、单位或集体公务申请书；依据内容的不同，申请书可分为思想政治方面的申请书（如入团申请书、入党申请书等）、工作学习方面的申请书（如入学申请书、带职进修申请书、工作调动申请书、增加设备申请书、奖学金申请书等）和生活方面的申请书（如福利性住房申请书、结婚申请书、困难补助申请书等）。

（二）申请书的结构与写法

申请书一般由标题、称谓、正文和落款四部分构成，如图 6-5 所示。

标题		申请书
称谓		尊敬的××（职务）：
正文	主体	提出申请的具体事项、要求及申请的理由。
	结尾	写希望批准或表示致敬的话。
落款		申请人姓名或申请单位名称 ××××年×月×日

图 6-5　申请书的结构模板

1. 标题

申请书的标题应写在申请书第一行居中的位置，一般有以下两种写法：一种是直接写“申请书”；另一种是在“申请书”前加上事由，如“入党申请书”“转正申请书”“工作调动申请书”等。

2. 称谓

申请书的称谓应写在标题下一行的顶格处，写明接收申请书的部门、组织的名称或有关负责人的姓名，如“××党组织”“××总经理”等，名称或姓名后面要加上冒号。

3. 正文

申请书的正文一般由主体和结尾两部分构成。

（1）主体。主体写在称谓的下一行，首行空两格。主体应写明申请的具体事项、要求及申请的理由，有时还要表明申请人的态度或做出保证。主体要言简意赅，重点突出，理由充分，有理有据。

（2）结尾。结尾一般写一些希望得到批准或表示敬意的话，如“此致 敬礼”“望领导批准”等，有时也可不写结尾。

4. 落款

申请书的落款位于正文的右下方，先写明申请人姓名或申请单位名称（要加盖公章），然后在下一行写上成文日期。

（三）撰写申请书的注意事项

（1）理由充分，内容真实。申请书的理由应充分合理，所描述的内容要真实可靠，不可夸张、虚构、作假。

（2）语言朴实，感情真实，态度诚恳。申请书应语言简洁、准确、朴实，不可华而不实，没有重点。感情要真挚，态度要诚恳，以体现出申请者的诚意。

（3）对象明确，详略得当。申请书应明确具体的收文单位，并根据收文单位对申请事项的了解程度来确定内容的详略程度。如果收文单位对所申请的事项不了解或了解不详细，申请书应详写；反之，申请书则应略写。

（四）例文赏析

复学申请书

尊敬的校领导：

您好！感谢您在百忙之中抽空阅读此申请。

我是管理学院公共管理专业（1）班的学生王小明。在去年的一次体育课上，由于我不慎摔了一跤，左腿骨折。住院以后，由于不能上课，我便向学院提出了休学申请。经过一年的治疗和调养，我现在已基本痊愈。为了不耽误下学期的课程学习，特提出申请，请求复学。

在家休养的这一年中，我从未放弃过自己的学业。这一年来，我虽未在校学习，但结合自身情况给自己制订了具体的学习计划。通过自学专业课知识，我还在我校学术期刊上发表了一篇论文。因此，我希望校领导考虑让我重新跟原班学习。

在复学期间，我一定严格遵守校规校纪，积极参加学校及班级活动，努力学习，不断充实和完善自己，争做一名品学兼优的学生。请校领导批准我的复学申请。

此致

敬礼！

申请人：王小明

2022 年 8 月 20 日

资料来源：第一范文网（有改动）

评析：该申请书的正文提出了复学的请求，写明了申请的理由，并表明了申请人的态度。该申请书重点突出，有理有据，语言朴实，感情真挚。

模块四　谋篇布局——明确计划写作规范

一、计划概述

（一）计划的概念及作用

计划是指党政机关、企事业单位、社会团体或个人为完成某项任务或实现某个目标，预先对今后一定时期内的工作、活动进行安排的一种说明性应用文。在实践中，计划是一个泛称，常见的“规划”“纲要”“安排”“打算”“方案”“要点”“设想”等实质上都是计划。

一般而言，期限较长、范围较广、内容较概括的计划称为“规划”或“纲要”；内容较单一的计划称为“安排”或“打算”；从目的、要求、方式方法和进度等方面对某项工作进行全面而详细的安排时宜用“方案”（或实施方案）；对某个时期的工作提出指导原则和总体要求时宜用“要点”；对某项工作进行比较粗略的打算或安排时宜用“设想”。

计划的作用主要体现在以下三个方面。

（1）计划能够建立起正常的工作秩序，明确工作目标，避免工作的盲目性，从而使工作能够有序、顺利地进行。

（2）计划是领导者指导工作的重要依据。领导者可以根据计划统筹安排工作，确保工作顺利完成。

（3）计划是考核工作业绩的依据。计划完成或超额完成，说明工作业绩突出；相反，则说明工作存在一定的问题。

（二）计划的特点

1. 预见性

这是计划最明显的特点之一。计划不是对已经形成的事实和状况的描述，而是事先对行动的任务、目标、方法、措施所做出的预见性确认。这种预想不是盲目的、空想的，而是以上级部门的规定和指示为指导，以本单位的实际条件为基础，以过去的成绩和问题为依据，并对今后的发展趋势做出科学预测之后做出的。可以说，预见是否准确决定了计划写作的成败。

2. 可行性

计划的目标和措施应当具有可行性。这就要求计划所确定的目标一定要适当，经过努力能够实现，并且相应的措施和方法切合实际，具有较强的可操作性。

3. 目标性

计划必须有明确的目标，目标是计划的核心。计划的全部内容都要紧紧围绕着目标展开，包括最优的策略或步骤、具体的措施或方案等。

4. 规范性

任何计划都必须具备目的、任务、措施和完成时限等要素，即为什么做、做什么、怎么做和什么时候做。这也构成了计划比较固定的写作规范。

（三）计划的分类

依据不同的标准，计划可分为不同的类型。

1. 依据性质划分

依据性质的不同，计划可分为综合性计划和专题性计划。

（1）综合性计划，又称“总体计划”，是对一定时期内的所有工作做出的全面安排。

（2）专题性计划，又称“单项计划”，是对某一方面的工作做出的安排。

2. 依据内容划分

依据内容的不同，计划可分为工作计划、培训计划、科研计划、教学计划、基建计划等。

3. 依据时间划分

依据时间的不同，计划可分为年度计划、季度计划、月计划、周计划等。

4. 依据范围划分

依据范围的不同，计划可分为国家计划、行业计划、单位计划、部门计划、个人计划等。

5. 依据表达方式划分

依据表达方式的不同，计划可分为条文式计划、表格式计划和文表结合式计划。

（1）条文式计划，即把计划分为若干条款或部分，通过文字加以阐述，所涉及的数字指标均包含在有关部分的文字叙述之中。这是目前比较常见的一种计划形式。

（2）表格式计划，即用表格来展示计划内容。表内栏目通常包括任务项目、执行部门、完成时间、执行措施等。定期的、以数据为指标的计划适合用这种方式，如企业的产销计划、国家经济管理部门下达经济任务的计划等。

（3）文表结合式计划，即计划的内容既有条文的表述，又有表格的形式。条文和表格相互配合的计划形式能把比较复杂的内容用简洁的方式表达出来。

二、计划的结构与写法

计划通常由标题、正文和落款三部分构成，如图 6-6 所示。

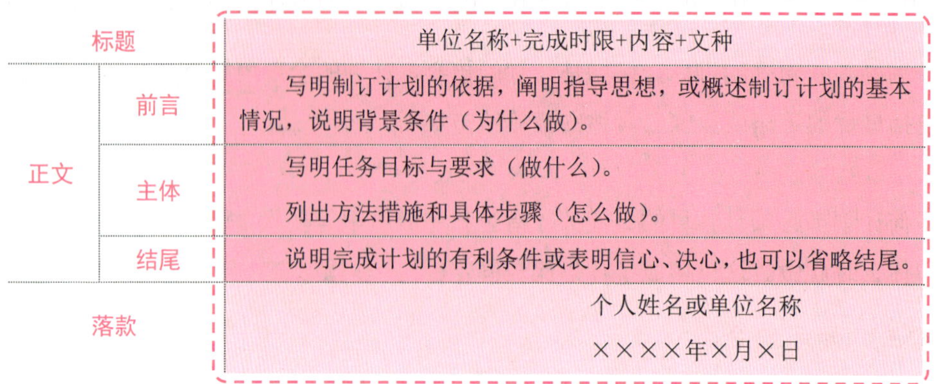

图 6-6　计划的结构模板

（一）标题

计划的标题有以下几种写法。

（1）完整式标题。此类标题一般由制订计划的单位名称、完成时限、计划内容和文种四部分构成，如“××职业学院 2022 年招生计划”“××公司 2022 年工作计划”等。

（2）省略式标题。此类标题在完整式标题的基础上省略单位名称或完成时限，如“2022 年第一季度生产方案”“沃尔玛超市销售计划”等。

（3）文章式标题。此类标题一般按计划的主题或要达到的目标拟定，多用于政府和主管部门的计划工作报告，如“团结动员全区广大职工，为实现中国梦而努力奋斗”。

（二）正文

计划的正文由前言、主体和结尾三部分构成。

1．前言

前言是计划的开头，在全文中起引导作用。前言一般要求简明扼要地介绍制订计划的背景、依据、指导思想等，说明其意义和重要性。前言的详略要根据工作的重要程度、内容的多少来确定，总体上遵循精练简洁的原则。

2．主体

主体应说明计划的具体内容，即计划的目标和任务要求、措施办法、时间安排和实施步骤等事项。一份成功的计划应确保措施具体、分工明确、步骤有序和条理清晰。

（1）目标，即计划须达到的标准，是计划的核心内容。这一部分要明确指出总体目标和基本任务，以及工作任务要达到的数量和质量等指标。

（2）措施，即用来完成任务、实现目标的具体方法或措施，是决定计划是否具有可操作性的关键环节。这一部分要明确指出完成计划需要动员哪些力量、创造哪些条件、排除哪些困难、采取哪些手段、通过哪些途径等措施办法。

（3）步骤，即对工作的阶段划分，强调完成时限和先后有序。撰写计划必须要有全局观念，经过分析、对比、统筹，设计出科学的工作流程，并对人、财、物进行合理配置和周密组织。此外，撰写计划时还要对整体的工作任务进行分解，规定操作步骤，将各项工作的完成时限、质量要求及责任人落到实处。这样才能做到职责明确、操作有序、执行无误，保证计划的顺利完成。

3. 结尾

结尾可以提出希望、发出号召、展望前景、明确执行要求等。具体而言，结尾一般有总括式结尾和自然式结尾两种。

（1）总括式结尾。为使文意完整，少数计划可在文末概括说明完成计划的有利条件或表明信心和决心。例如，“本学期的工作一定会开展得丰富多彩，希望我部在以往所取得成绩的基础上再创辉煌，将我部的宣传工作推上一个新的台阶”，这段结尾简明扼要，表明了信心，提出了希望。

（2）自然式结尾，即叙述完主体内容就自然收尾。

（三）落款

计划的落款位于正文的右下方，包括制订计划的个人姓名或单位名称、成文日期。所写计划如果以公文的形式下发，则应加盖公章。如果标题中已有制订计划的单位名称，此处则可省略。

三、撰写计划的注意事项

（1）客观分析，统筹兼顾。无论是撰写长期计划还是短期计划，都必须从实际出发，要充分分析客观条件，确保所撰写的计划既有前瞻性，又留有余地，以便计划执行者通过努力能够完成。此外，事关全局的计划应考虑周全，处理好大计划与小计划之间的关系、整体与局部之间的关系等。

（2）重点突出，主次分明。在目标较多的情况下，要解决好先与后、重与轻、主与次的关系。所撰写的计划只有做到点面结合、有条不紊，才有利于下一步工作的全面开展，促使下一步工作取得事半功倍的效果。

（3）目标明确，步骤具体。计划的目标应明确具体，为计划执行者指明努力的方向。同时，计划的步骤和措施应详细具体，这样有利于实际工作的顺利开展。

四、例文赏析

×××学校 2022 年下学期心理健康工作计划

随着科学技术的飞跃发展、社会经济和文化的迅速变革，成长中的儿童和青少年将面临日益增长的社会心理压力，他们在学习、生活和社会适应等方面必然会遇到种种困难和挫折，难免会出现不同程度的心理问题。如何帮助他们提高心理素质、健全人格、增强承受各种心理压力和处理心理危机的能力，以迎接未来社会的严峻挑战，成为广大教育工作者面临的迫切问题。

本学期，在学校领导的重视和关怀下，我们将进一步提高对学校心理健康教育重要性的认识，进一步健全心理健康教育的管理机制，把这项工作放在一个重要位置上。加强和重视中小学心理健康教育的主要任务是，全面推进素质教育，增强学校德育工作的针对性、实效性和主动性，促进学生形成健康的心理，减少和避免对他们心理健康的各种不利影响，培养身心健康、具有创新精神和实践能力的人才。该计划的具体内容如下。

一、心理健康教育的指导思想

通过多种方式对学生进行心理健康教育和辅导，帮助学生提高心理素质，健全人格，增强承受挫折、适应环境的能力。

二、心理健康教育的主要目标

增强学生认识自我、调控自我、承受挫折、适应环境的能力；培养学生健全的人格和良好的个性心理品质；对少数有心理行为问题和心理障碍的学生，给予科学有效的心理咨询和辅导，使他们尽快调节自我心理，摆脱心理障碍，形成健康的心理素质，提高心理健康水平。

三、心理健康教育的主要内容

小学低年级的教育内容主要如下：帮助学生适应新的环境、新的集体、新的学习生活，感受学习知识的乐趣，乐于与老师、同学交往，在谦让、友善的交往中体验友情。

小学中高年级及中学的教育内容主要如下：帮助学生在学习中品尝解决困难的快乐，调整学习心态，提高学习兴趣和自信心，正确对待自己的学习成绩，培养面临毕业升学的进取态度；在班级活动中，善于与更多的同学交往，培养健全、合群、乐学、自立的健康人格，培养自主、自觉参与活动的能力。

四、心理健康教育的工作要点

（1）认真设计每一节心理健康活动课。设计心理健康活动课的原则如下：① 重实践，轻理论，淡化学科体系；② 重专题讲座，轻理论知识的系统性；③ 普遍指导与因人施教相结合；④ 教学手段与模式多种多样。

（2）完善学生心理档案：① 掌握所教学生的具体情况，并因材施教；② 及时发现存在心理问题的学生并加以辅导。

（3）开展学生座谈会（各年级分开进行）。

（4）利用学校宣传栏、广播站进行心理健康知识宣传。

（5）对有心理困扰的学生进行辅导（个别辅导和团体辅导同时进行）。

（6）培养和提高心理健康教师的专业素质。心理健康教师不仅要在业余时间自学，通过书刊、网络等途径提高自身理论水平，加深对心理学知识的理解，为心理健康教育与辅导打好基础，而且要走出去学习，请进来指导，扩展视野，与时俱进。此外，学校也应多开展心理健康教师培训活动。

（7）定期与家长进行沟通，及时了解学生在家的思想及行为，并向家长宣传和普及心理健康知识。

×××学校教务处（公章）

2022 年 6 月 20 日

资料来源：无忧考网（有改动）

评析：该计划使用了完整式标题，即标题由单位名称、完成时限、计划内容和文种四部分构成。正文的前两段是前言部分，指明了中心任务，提出了总体要求。其余部分是主体内容。其中，第一部分是计划的目标和内容，第二部分是措施和步骤。主体部分采用了分条列项的写法，条理清晰，重点突出。全文层次分明，主次有序，语言简练，通俗易懂，值得学习和借鉴。

模块五 善始善终——掌握总结写作规范

一、总结概述

（一）总结的概念与作用

总结是指党政机关、企事业单位、社会团体或个人对前一阶段的工作进行回顾、反思和分析，阐述成绩和问题、经验和教训，为下一阶段的工作提供帮助和借鉴的一种应用文。日常工作中的总结通常还有其他名称，如“回顾”“小结”“体会”“经验”“心得”等。

总结所要解决和回答的中心问题，不是某一时期要做什么，如何去做，或者做到什么程度，而是对某种工作实施结果的鉴定和结论。总体而言，总结的作用主要体现在以下三个方面。

（1）总结是认识事物的重要手段。通过总结，人们可以将零散、肤浅的感性认识上升为系统、深刻的理性认识，从而寻找出事物的发展规律，为今后的工作和生活提供更好的实践经验。

（2）总结是做好各项工作的重要环节。通过总结，人们可以全面系统地了解以往的工作情况，从而正确认识以往工作中的优缺点，明确下一步工作的方向，少走弯路，多出成果。

（3）总结有助于形成良好的工作作风。通过总结，人们能够正确认识工作中的得失，善于发现错误，勇于承认错误，从而形成批评与自我批评的工作作风。

（二）总结的特点

1. 回顾性

总结是对过去已经做过的工作及其全过程进行回顾，包括时间、地点、人员、事件、过程和结果等。

2. 客观性

总结必须实事求是，从而全面且客观地反映出实际情况。同时，总结要对前一阶段的工作进行客观的分析与评价，不能夸大成绩，也不能隐瞒错误。

3. 理论性

总结得出的经验或教训应具有一定的理论高度，从而给未来工作的开展提供更好的指导。

课堂活动

曾子曰，“吾日三省吾身：为人谋而不忠乎？与朋友交而不信乎？传不习乎？”意思是说，“我每天都要数次检查自己：为别人谋划办事，是否做到忠诚了呢？和朋友交往，是否恪守信用了呢？老师传授的知识，是否温习了呢？”

请你结合自己对这句话的理解，谈一谈定期总结的重要性，并与同学展开讨论和交流。

（三）总结的分类

依据不同的标准，总结可分为不同的类型。

1. 依据性质划分

依据性质的不同，总结可分为综合性总结和专题性总结。

（1）综合性总结，又称“全面总结”，是对某一时期内各项工作的全面回顾与评价，如《××公司2021年度工作总结》《××省体工委工作总结》等。

（2）专题性总结，又称“单项总结”，是对某项工作或某方面的问题、经验进行的总结，如《××集团2021年度销售工作总结》《××市××区植树造林工作总结》等。

2. 依据内容划分

依据内容的不同，总结可分为工作总结、学习总结、科研总结、教学总结等。

3. 依据时间划分

依据时间的不同，总结可分为年度总结、季度总结、月度总结等。

4. 依据范围划分

依据范围的不同，总结可分为地区总结、部门总结、个人总结等。

需要注意的是，以上分类是相对的，总结的类型是可以相容和交叉的。从业人员在写总结时应灵活掌握，不必过于刻板。

知识视窗

总结与计划的关系

1．总结是对计划的检验

总结以计划为依据，可以检查计划的执行情况。如果任务完成的结果与目标基本一致，从业人员可以通过总结获得有价值的规律性认识；如果两者的差距较大或结果与目标截然相反，从业人员可以通过总结获得引以为鉴的教训。

2．计划可以采用总结中的经验

前一轮总结得出的先进经验可用来指导下一轮计划的制订，使得计划更加符合事物发展的客观规律。同时，总结得出的教训可作为制订和实施计划的前车之鉴。

综上所述，总结与计划相互制约、相互依赖又相互促进。计划—实践—总结—再计划—再实践—再总结……如此周而复始，循环无穷，不断提高，这就是总结与计划最本质的关系。

二、总结的结构与写法

总结通常由标题、正文和落款三部分构成，如图 6-7 所示。

标题		单位名称+时间+内容+文种
正文	前言	可介绍工作背景、基本概况等，也可以说明总结的指导思想或写作目的，并做出基本评价。
	主体	反映成绩与措施、原因与结果、经验与教训等。
	结尾	写明今后的努力方向和开展工作的设想。
落款		个人姓名或单位名称 ××××年×月×日

图 6-7　总结的结构模板

（一）标题

总结的标题有以下几种写法。

（1）文件式标题。此类标题主要由写作总结的单位名称、时间、内容和文种四部分构成，如“××集团 2021 年度对外贸易工作总结”“××市 2021 年农村工作总结”等。需要注意的是，上述四项除了“文种”之外，其他三项不一定同时出现，可视情况省略。例如，“××中学政教处开展‘中国精神’教育活动的总结”省略了时间，“××年工会工作总结”省略了单位名称，“学习总结”省略了单位名称和时限，等等。

（2）文章式标题。此类标题用简练、概括的语言揭示总结的内容或基本观点，不出现“总结”字样，如“我们是如何实行教学与科研相结合的”。

（3）双行式标题。此类标题由正题和副题构成。正题点明主旨，副题补充说明，如“适应新的形势，努力做好财会工作——××公司财务部 2021 年工作总结”。

（二）正文

总结的正文由前言、主体和结尾三部分构成。

1．前言

前言一般简单地说明写作依据，概述基本情况，交代背景，点明主旨或做出基本评价，为主体内容的展开做铺垫。总结的前言应开宗明义，力求简练，通常有以下几种写法。

（1）概括式。简要介绍基本情况，为下文的叙述奠定基础。

（2）提问式。以提问的方式直接点明主题，引发读者思考，使其产生阅读兴趣。例如，“业务培训是销售部每一个新员工的入职第一课。那么，通过学习究竟可以在哪些方面得到提高呢？现结合本人的学习经历，谈几点体会。”这段前言在点明主题的同时，以提问的方式设置悬念，激发读者的阅读兴趣。

（3）对比式。用前与后、新与旧或先进与落后进行对比，分出优劣，引出下文。例如，“2019 年至 2021 年，我公司平均每年亏损 40 余万元人民币。建立集团公司后，公司不仅扭亏为盈，而且产值、利润以每年 6.9%的幅度稳步提高，2021 年创盈利新高，净增利润 2 000 万元人民币。”这段前言用前后两组差别显著的数据做对比，能使读者对该公司所总结的经验和所取得的成绩产生兴趣。

（4）结论式。开门见山地提出总结的结论，引发读者对总结内容的兴趣。例如，“经过一学期的刻苦学习，我取得了理想的成绩。这使我得出一个终身受益的结论——科学有效的学习方法是提高学习成绩的关键。”这段前言直截了当地给出总结的结论，先声夺人，能激起读者对学习过程的探索欲。

2．主体

主体是总结的核心部分，一般占全文 2/3 以上的篇幅。

（1）主体的内容。主体的内容通常包括以下四个方面。

- ✧ 基本情况。这部分应简要地说明某一时期所做的各项工作或某项工作的主要方面。从业人员在写基本情况时可以分项表述，但不能记“流水账”，而应该着眼于重点事项，清楚地反映工作的开展过程。
- ✧ 取得的成绩。这部分是总结的主要内容，应有重点地概括工作中取得的主要成绩或获得的经验，并做出相对客观的评价，体现总结的真实性和评价性。
- ✧ 存在的问题。这部分应写明实践活动中应当解决而暂时没有条件解决或没有办法解决的问题，应写得简略，中肯，有针对性。专门总结成功经验的总结，可以不写这部分内容。

- ✧ 今后的打算。通俗地讲，今后的打算就是展望未来。总结是通过回顾过去的工作来为将来的计划做铺垫。因此，当总结中谈到今后的打算时，从业人员既要与常规工作、中心工作和长远计划相结合，又要与本阶段工作中存在的问题相结合。但总结毕竟不是计划，在谈今后的打算时宜粗不宜细，宜简不宜繁，宜大不宜小。

（2）主体的结构形式。主体常见的结构形式有四种，即条目式、三段式、分项式和贯通式。

- ✧ 条目式。条目式是将总结的内容概括为若干要点，按一定的顺序分条目叙述。这种结构形式一目了然，灵活方便。
- ✧ 三段式。三段式是按照认识事物的逻辑顺序来安排内容，先对总结的内容做概括性交代，表明基本观点；接着叙述事实经过，同时进行初步分析；最后总结出经验教训和存在的问题。这种结构形式比较简单，中心明确。
- ✧ 分项式。分项式是将所做的事情分类，逐一叙述，每类问题又采用三段式来写。这种结构形式重点突出，条例清晰，但较为复杂，多用于综合性总结。
- ✧ 贯通式。贯通式是围绕主题将工作发展的全过程逐步进行总结，对各个主要阶段的情况、完成任务的方法及结果进行较为具体的叙述。贯通式既能考虑到时间的先后顺序，体现事物的发展过程，又能注意内容的逻辑联系。这种结构形式相对紧凑，内容连贯。

3. 结尾

结尾是正文的最后一部分，通常包括归纳或呼应主题、指出努力方向、提出改进意见、表示决心等内容。

（三）落款

总结的落款包括署名和成文日期，写在正文的右下角。单位名称已经在标题中出现的，可不再署名。成文日期要用阿拉伯数字写明年、月、日，年份应写完整，月份、日期不编虚位。

三、撰写总结的注意事项

（1）要用实事求是的态度来写。写总结常常会出现两种倾向：一种是好大喜功，搞浮夸，只讲成绩，不谈问题；另一种是将总结写成了“检讨书”，把自己说得一无是处。这两种总结都没有做到实事求是。正确的写法是如实地、一分为二地分析和评价以往的工作，对成绩，不要夸大其词；对问题，不要轻描淡写。

（2）要有参考性和指导性。一方面，要抓主要矛盾，无论是谈成绩还是谈问题，都要突出重点，详略得当，不能求全贪多、主次不分；另一方面，要对主要矛盾进行深入分析，谈成绩时要写明是怎么做的、为什么要这么做、效果如何及获得了什么经验，谈问题时要写明是什么问题、为什么会出现这种问题、其性质是什么、得到了什么教训。

（3）要使用第一人称来写。总结要从本人、本部门或本单位的角度来写。

（4）要注意阅读对象。阅读对象就是总结的阅读者或使用者。写总结时应尽量使用阅读者能看懂的语言，少用专业术语。

四、例文赏析

××小区物业管理处2021年工作总结

一年来，在各级组织和领导的关心、帮助下，在各兄弟单位的理解和支持下，××小区物业管理处经过不懈的努力，实现了年初预定的目标。现将××小区物业管理处2021年各项工作总结如下。

一、经营管理情况

管理处始终把提高物业服务水平、扩大服务范围、由内部服务逐步走向外部服务、争取从市场中获取效益当作今后可持续性发展的必由之路。而要实现这一目标，优质服务是根本所在。为此，我们本着实事求是的原则建立了一系列适应市场经济发展需要和公司发展需要的规章制度，并加大检查落实力度，使各项工作有计划、有方法、有依据、有目的地稳步展开。同时，坚持“以人为本，诚信服务”的原则，改善服务态度，提高服务质量，“想住户之所想，急住户之所急”；要求各类服务人员认真履行职责，恪尽职守，热情主动，文明礼貌，公正廉洁，及时处理住户报修及投诉等事项，维护住户的合法权益。

针对沉陷区住户的特殊情况，管理处制订了一系列服务办法，坚持按照全市最低物业费标准0.2元/平方米/月向住户收取费用，并且将物业服务费用收支情况公开。对于不在物业管理范围内的维修工作，施工单位维修不到位的，管理处也都无偿给予及时修缮，并公开物业报修电话。管理处严格按照物业服务合同约定的内容向住户提供服务，规范物业服务收费，提供质价相符的服务，杜绝“收费不规范、承诺不兑现、服务不到位”等现象，以提高行业诚信度。

二、物业管理费用收取情况

公司只有不断提高服务质量，才能最大限度地满足住户的需求，才能稳步提升物业收入，树立良好的企业形象。通过管理处全体员工的汗水浇灌，××小区在2021年度共收取物业管理费26万余元，其中××小区二期住宅的物业费收取率超过70%，网点的物业费收取率超过了50%。物业管理人员深入每家每户，认真听取住户的意见与建议，积极采纳并完善。

三、具体维修工作情况

在小区的基本建设及维护方面，管理处维修班积极响应管理处领导和公司的号召，努力完成每一项任务，认真对待临时出现的问题。在即将过去的这一年里，管理处办公室的报修电话每天接连不断。维修班的同志们始终怀着一颗火热的心，没有因为劳累而停下手中的工作，也没有因为天气炎热而延误工作进程，大家不论上班还是下班，不论白天还是黑夜，都尽快赶到现场并认真完成任务。在工作中，他们无论多脏多累，干到多晚，都毫无怨言。一年来，维修班处理各类维修共计 2 000 余项，保证了小区住户舒适安全的生活环境。

2021 年是公司快速发展、硕果累累的一年，无论是经营效益还是企业品牌，都得到了社会、市场、住户的充分认可。作为××小区物业管理处的员工，我们深感自豪，充满信心，当然我们也倍感压力，那就是公司快速发展对管理处的要求、公司品牌对物业管理服务品牌的品质要求也越来越高。

面对新的机遇和挑战，我们有理由相信，在公司的支持、关爱和帮助下，通过全体员工的精诚努力、协同奋进、开拓进取，××小区物业管理处未来的发展一定会前程似锦。在跟随公司发展的同时，物业管理处的全体员工将得到更大的发展，实现公司和员工价值的最大化，实现公司和员工事业的可持续发展。

××小区物业管理处

2021 年 12 月 31 日

资料来源：百度文库（有改动）

评析：该总结使用了文件式标题，写明了单位名称、时间和文种。正文由前言、主体和结尾三部分构成。前言用于交代背景，总述情况；主体部分详细介绍了××小区物业管理处 2021 年在经营管理、管理费用收取和维修工作方面所取得的成绩及总结的经验；文章最后两段是结尾部分，总结了工作所取得的成绩，并提出了新的工作目标。全文条理清晰，层次分明，表意明确。

实践活动 模拟教学——应用文写作教学之我见

【活动背景】

应用文是人们在日常工作和生活中处理公私事务时常用的规范性文体。为帮助学生在实践中进一步熟练掌握常见应用文的写作要求，培养严谨求实的学习和工作态度，提高自主学习的能力，请同学们在教师的指导下，开展一次师生角色互换的模拟教学活动。

【实施步骤】

（1）教师预先设计好讲课内容，并提出一系列与应用文相关联的问题，如“什么是应用文”“应用文包含哪些写作要素”“怎样撰写应用文”等，以引导学生自行探究所学内容。

（2）教师从本项目（条据、启事、倡议书、申请书、计划和总结）中分别选出一个模拟教学的题目，并制成六张纸条。

（3）全班同学平均分成六组，并选出组长，然后通过抽签决定各组的模拟教学题目。

（4）各组确定好题目后，先在小组内进行交流与讨论，设定教学情境；然后进行任务分工，分别负责搜集资料、整理资料、制作 PPT、讲课、布置作业等各个环节的工作，并将小组成员及分工情况填入表 6-1 中。

表 6-1　小组成员及分工情况

小组成员	姓名	学号	任务分工
组长			
组员			

（5）小组内进行试讲和评议，选出本组讲得最好的同学作为小组代表在班级中进行试讲。

（6）各组代表在班级内试讲结束后，师生共评，指出其教学过程中的优缺点。

（7）活动结束后，教师针对本次活动的整体情况做总结性发言。

活动评价

采取自评、小组互评和教师评价相结合的方式完成考核评价，并将其结果填写在如表 6-2 所示的考核评价表中。

表 6-2　考核评价表

项目名称	评价内容	分值	评价分数		
			自评	互评	师评
知识与技能考核（60%）	能够采用恰当的方法搜集、整理资料	10			
	对模拟教学题目有较为全面的认识	15			
	PPT 制作良好，内容清楚，逻辑清晰	15			
	讲课时，举止大方，讲解到位，课堂气氛活跃	20			

（续表）

项目名称	评价内容	分值	评价分数		
			自评	互评	师评
综合素质考核（40%）	态度认真，能够按时完成任务	10			
	能够积极参与各组讨论，发表自己的观点	10			
	具备良好的团队合作意识	10			
	善于反思、总结	10			
合计		100			
总评	自评（20%）+互评（20%）+师评（60%）=	教师（签名）：			

复习与思考

一、不定项选择题

1. 常用的条据可分为两大类，即（　　）。

A．凭证式条据　　B．欠条

C．说明式条据　　D．借条

2. 启事具有（　　）的特点。

A．公开性　　B．广泛性

C．回应性　　D．自主性

3. 当某公司的办公地址迁移新址时，可以发布（　　）告知公众。

A．公告　　B．公示

C．通知　　D．启事

4. 倡议书具有（　　）的特点。

A．公开性　　B．指导性

C．群众性　　D．不确定性

5. 计划依据性质的不同，可分为（　　）。

A．综合性计划　　B．专题性计划

C．长期计划　　D．短期计划

6. 总结主体部分常见的结构形式有（　　）。

A．条目式　　B．三段式

C．分项式　　D．贯通式

二、判断题

1．当有事情要通知对方，但对方不在时，可以给对方写留言条。（　　）

2．启事不具备强制性和约束力。阅读者可以参与启事告知的事项，也可以不参与，有完全的自主权。（　　）

3．倡议书对倡议对象具有约束力。倡议书发出后，有关人员必须积极响应。（　　）

4．申请书是个人或集体向组织、机关、企事业单位、社会团体表达愿望、提出某种请求时撰写的一种专用书信。（　　）

5．计划的标题一般由制订计划的单位名称、完成时限、计划内容和文种四部分构成，不可省略。（　　）

6．从业人员在写总结时，可以适当地夸大成绩，以突出自己的工作能力。（　　）

三、简答题

1．简述撰写条据的注意事项。

2．简述启事的特点。

3．简述计划的类型。

4．简述总结的作用。

四、案例分析

在这次期中考试中，我的成绩不太理想，心情沉重，为了避免这种情况再次发生，特制订今后的学习计划，具体如下。

（1）学习是学生的本职工作。因此，我决定以后好好听课，在课堂上坚决不做任何与学习无关的事，积极思考，积极回答老师的问题。

（2）课后，我争取按时、按质、按量地完成老师布置的作业，绝不拖拉。此外，我还打算购买一套习题册，通过多做题来强化巩固所学的知识。

（3）身体是革命的本钱。因此，在学习之余，我要加强体育锻炼，如打球、跑步、游泳等，坚持每天运动两个小时。

（4）思想方面，理解老师和家长的苦心，为自己能有一个美好的前途而努力。

（5）生活方面，和同学们友好相处，互帮互助，努力营造出和谐、共进的学习氛围。

以上是我期中考试后的学习计划，我一定严格执行，争取在期末考试时取得理想成绩。

问题：以上是某位同学写的一份学习计划，请指出其中存在的主要问题。

项目七 职场礼仪

素质目标

（1）培养礼仪意识，重视行为规范，传承中国礼仪文化。

（2）提升自身的礼仪素养，践行社会主义核心价值观。

知识目标

（1）了解职场中的仪表礼仪、着装礼仪和姿态礼仪。

（2）掌握称呼礼仪、握手礼仪、介绍礼仪和名片礼仪。

（3）明确办公室基本礼仪、电话礼仪和人际交往礼仪。

能力目标

（1）能够按照职场礼仪的要求，自觉整理自己的仪容仪表、着装等。

（2）能够自觉遵守职场中的日常礼仪和办公室礼仪。

学习导航

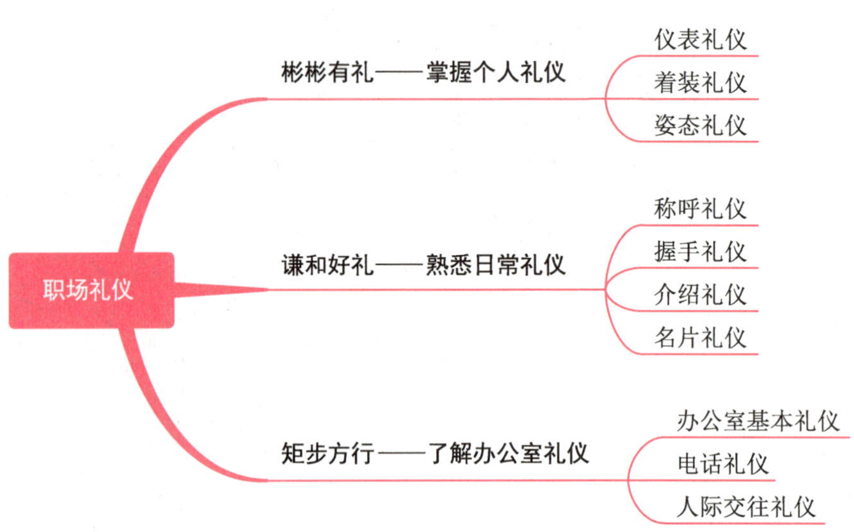

引导案例 无奈的辞职

小瑜毕业后应聘到某网站做编辑，同时应聘进该公司的还有她的两位同班同学，并且恰巧和小瑜分在了同一个部门。小瑜非常开心，她认为和同学在一起，自己能够更快地适应这份工作并把工作做好。

不料，事与愿违。在工作中，小瑜发现，自己和其中一位同学的工作内容几乎一模一样，想法也大致相同。“我能想到的选题，同学也能想到；我能完成的任务，同学也能很快完成。所以很多时候，我俩只能有一个得到工作机会。碍于同学之间的情面，每当这种情况发生时，我往往不好意思当面跟她争，所以大多数时候都是我做出让步。”小瑜无奈地说。小瑜很不甘心每次都让步，但同学的关系又让她无法“理直气壮”地争取。一段时间后，小瑜发现自己在工作中经常“缩手缩脚”。

更让小瑜难以接受的是，其他同事好像对她和同学之间的关系有诸多不满。由于小瑜和同学的关系一直不错，所以经常在下班后一起结伴吃饭、聊天、游玩。起初，小瑜并未觉得有什么不妥，但是时间一长，就听到有同事说小瑜和同学在私下里搞小团体。面对这种议论，小瑜只能慢慢疏远和同学的关系，可是时间久了，却发现自己好像被大家孤立起来了。

此外，让小瑜苦恼的还有一件事。小瑜在大学时的一位学长是她现在的主管领导。“我和学长以前在学校时关系还不错，经常一起聊天、聚会。进入公司之后，我并没有觉得有什么不同，我还是经常找学长聊天。后来我和另外两位同学很快发现，有时我们在私底下对公司的一些无所顾忌的议论，都被学长‘汇报’到上级领导那里去了。我很害怕上级领导因此而对我有什么不好的印象。所以现在我和学长的关系也变得疏远了。”小瑜无奈地说。

昔日的同学变成了竞争对手，同窗情谊已然变味；昔日的学长变成了上级，还要时刻提防。这些都让小瑜感到格外别扭，渐渐地成为她心头的一块大石。小瑜觉得，如果长此以往，自己的事业发展将会受到阻碍。于是，在经过深思熟虑后，小瑜最终选择了辞职。

思考：小瑜遇到的问题，其他职场新人也可能会遇到。那么，你认为职场中从业人员应该如何处理与同事之间的关系呢？

模块一 彬彬有礼——掌握个人礼仪

一、仪表礼仪

仪表通常是指人的外表、外貌，它是由发型、面容及人体未被服饰遮掩的肌肤（如手部、颈部等）组成的。在职场中，自然、整洁、端庄的仪表能给他人留下美好的第一印象，为后续交往创造良好的开端。

（一）头发的修饰

1. 头发的清洗与护理

为了保持头发整洁、无异味，从业人员应做好头发的清洗与护理工作。一般而言，头发每 2～3 天就应当清洗一次。洗完头发后，可使用润发乳、精油等护发剂为头发补充营养，使头发保持柔软、亮泽并富有弹性。

2. 头发的修剪

修剪头发是保持头发整洁与美观的重要途径。具体而言，男士修剪头发应做到前发不覆额、侧发不掩耳和后发不及领。女士修剪头发应做到刘海勿遮脸、短发不过肩；若留长发，应将枯黄、开叉的发梢修剪掉，以保持头发的顺滑和美观。

3. 发型的选择

从业人员在选择发型时，除了考虑个人品位之外，还应综合考虑自身的脸型、体型和年龄等因素。总体而言，男士的发型应简单大方，给人以得体、整齐和稳重的感觉；女士的发型应清秀典雅，给人以持重、干练的感觉。

（二）面部的修饰

1．女士面部修饰

在职场中，女士通常应着淡妆，这样不仅可以展现良好的职业素养与精神风貌，也可以表达对他人的尊重。具体而言，化好淡妆，需要掌握以下几个方面的内容。

（1）选择合适的彩妆产品。常用的彩妆产品主要包括粉底（如粉底液、粉底霜等）、蜜粉（或粉饼）、眉笔（或眉粉）、眼影、腮红、眼线笔、睫毛膏和唇彩（或口红）等，如图 7-1 所示。粉底的选择应根据自己的肤色与肤质进行，颜色以接近肤色为宜；眉笔的颜色应与头发的颜色相近。眼影、腮红和口红的选择则应注重妆容的要求。此外，在选择彩妆产品的同时，女士还需购置一些常用的化妆工具，如眉刀（或眉钳）、粉刷（或粉扑）、睫毛夹、腮红刷和眼线刷等，如图 7-2 所示。

图 7-1　常用的彩妆产品

图 7-2　常用的化妆工具

（2）按照正确的步骤化妆。

- 清洗面部。清洗面部应做到早晚各一次。洗脸时，应选用符合自身肤质的洁面产品，先取适量涂在掌心用水揉开，然后均匀地涂抹在脸部，最后用清水洗干净。
- 护肤。洗完脸后，应取适量爽肤水轻拍于面部，然后涂抹适当的润肤产品，以补充皮肤所需要的养分，从而保持面部润泽、光洁、清爽。

✧ 打粉底。打粉底的目的是调整皮肤颜色，使得皮肤平滑、细腻、有光泽。打粉底时需要注意以下两点：一是粉底应轻薄，并与肤色自然融合，而不可涂抹过多、过厚；二是粉底涂抹应过渡自然，切忌在发际线边缘、脸部两侧和脖颈处留下明显的分界线。

✧ 定妆。用粉刷蘸取少量蜜粉，轻刷于面部与颈部，以减弱粉底的油光感并固定底妆。

✧ 画眼妆。首先选择与自己肤色及所穿服饰颜色相搭配的眼影，用眼影刷蘸取适量眼影涂抹在眼皮与眼窝处；其次用眼线笔在睫毛根部画出内眼线；然后用睫毛夹将睫毛夹得卷翘，并涂染睫毛膏，以固定睫毛并使睫毛变得浓密纤长又卷翘；最后选取适合自己肤色的眉笔，按照适合自己脸型的眉形描眉，如图 7-3 所示。

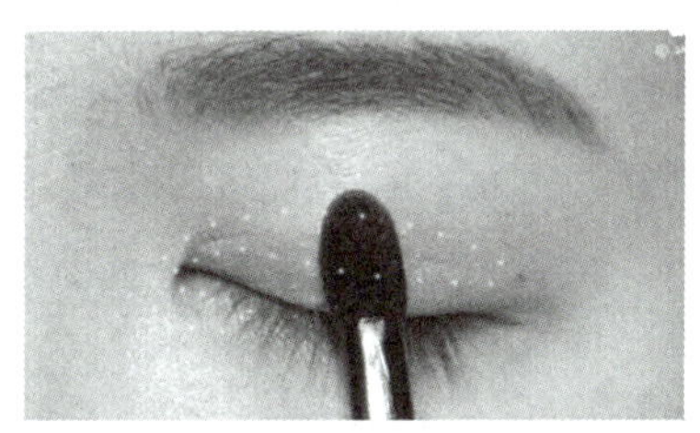

（a）画眼影

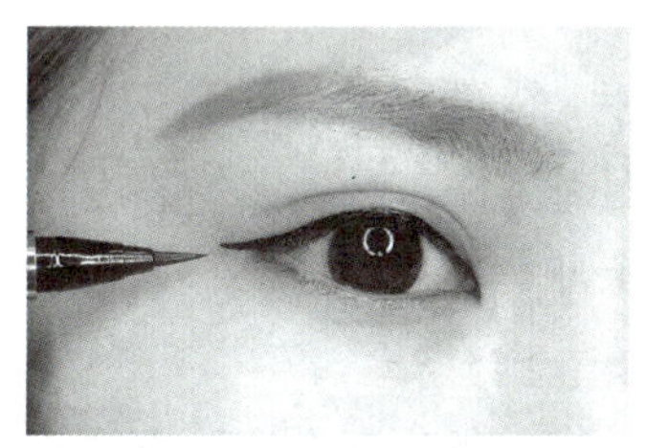

（b）画眼线

（c）刷睫毛

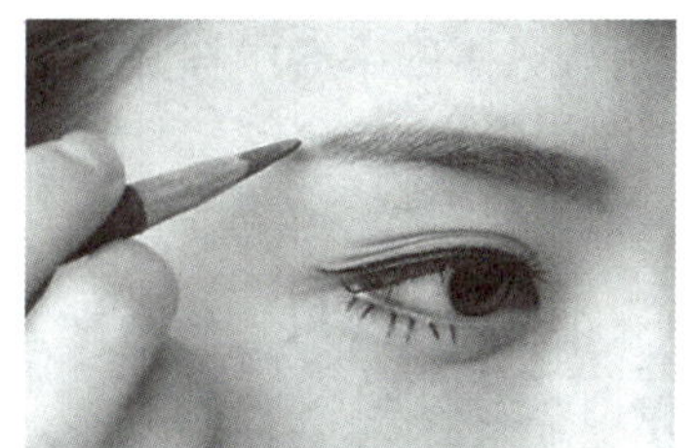

（d）画眉毛

图 7-3　画眼妆

✧ 打腮红。首先用腮红刷蘸取少量腮红轻轻刷于颧骨下方，然后由发际线向脸颊逐渐晕开，使腮红的颜色与肤色自然融合，如图 7-4 所示。

✧ 涂口红。首先涂一层润唇膏滋润嘴唇，然后用唇刷蘸取适量的口红或唇彩涂抹，如图 7-5 所示。

图 7-4　打腮红

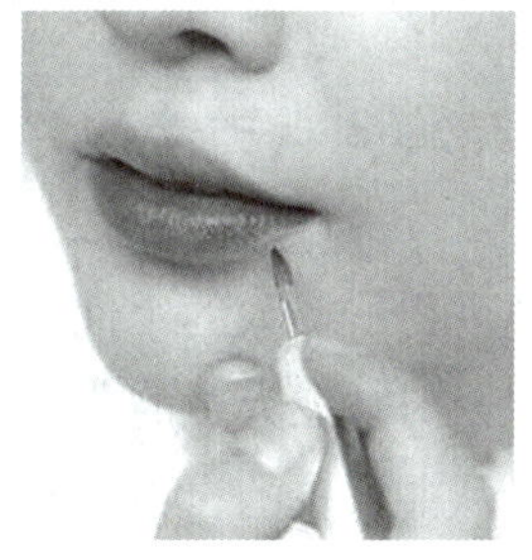

图 7-5　涂口红

✧ 检查修正。化妆完成后，应当全面、仔细地检查妆容的效果。若发现问题，则应及时修正，以使妆容达到理想状态。此外，若需补妆，应在化妆间或洗手间进行，不能在公共场所进行。

2. 男士面部修饰

在职场中，男士也应对自己的面部进行修饰，以整洁且能反映男性自然的肤色、五官轮廓和气质为佳。除了日常清洗与护肤外，男士面部修饰主要是剃须修面，其操作顺序一般是从鬓角、脸颊、脖子到嘴唇周围及下巴。若要留胡须，则应将胡须修理成型。同时，男士应定期修剪鼻毛，切忌让鼻毛露出鼻腔。

（三）手部的修饰

有人说，手是人的“第二张脸”，通过观察一个人的手部，就可以判断其卫生习惯及内在修养，甚至对工作、对生活的态度。作为从业人员，在职场各种活动中有大量的礼仪行为需要通过手部实施，如握手、递接名片等。因此，从业人员应注重手部的修饰。

1. 手部的清洗与护理

饭前便后及接触脏物后，应马上洗手，以保持双手清洁、卫生。洗手的基本步骤（见图 7-6）如下：① 双手相对而搓；② 双手指缝交叉搓洗；③ 握洗拇指；④ 搓洗手背；⑤ 五指并拢在另一只手的手心中搓洗指甲缝。洗手后，可以涂抹护手霜，以使手部肌肤保持润泽。

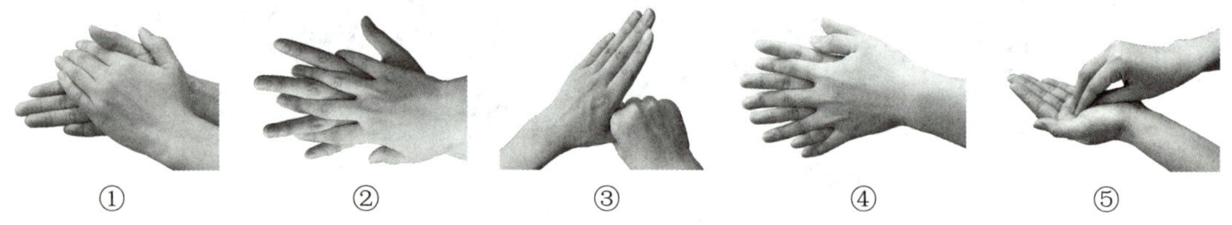

① ② ③ ④ ⑤

图 7-6 洗手的基本步骤

2. 指甲的修剪与修饰

一般而言，指甲的长度不应超过指尖。修剪指甲时，可根据手型剪出不同的甲形，如方形指甲、方圆形指甲（指甲前端与侧面是直的，而棱角处是圆弧形）、椭圆形指甲等，以弥补手型的不足。需要注意的是，修剪指甲应避免在公共场合进行，否则是有失礼仪的。

二、着装礼仪

服饰最能体现出一个人的个性、身份、涵养、阅历及心理状态等。在职场中，着装往往会直接影响他人对从业人员的印象与评价，以及从业人员所代表的企业形象。良好的职业形象能够展示从业人员的自信与素养。

（一）着装原则

具体而言，从业人员在职场中应遵循以下几个着装原则。

1. 整洁原则

无论在什么场合，都应保持服饰整洁，确保服饰扣子及相关配件齐全，确保服饰无褶皱、无污渍和无破损等。这是着装的首要原则。

2. TPO 原则

TPO 是英文“time”“place”“occasion”三个单词的首字母，分别代表时间、地点、场合。TPO 原则是指人们应根据不同的时间、地点、场合选择不同的服饰。

（1）时间原则包括以下三层含义：① 着装应当与时间相协调，如工作期间的着装应得体、整洁；② 着装应当与季节相协调，确保冬暖夏凉、春秋适宜；③ 着装应当顺应时代潮流，不能过于落伍，也不能过于时髦。

（2）地点原则是指人们应根据不同的地点、环境选择合适、得体的服饰。例如，旅游从业人员在家时可以选择舒适的服饰，在办公室上班时可以选择统一的职业装，带团出行时则可选择与当地的传统与风俗习惯相匹配的衣服。

（3）场合原则是指服饰要与穿着场合的气氛相和谐。例如，在庄重的场合不能穿得太随意，在休闲的场合不能穿得太正式，在喜庆的场合不能穿得太古板，在悲伤的场合不能穿得太艳丽。

3. 配色原则

色彩是服饰不可或缺的组成部分。得体的色彩搭配能够提升服饰的整体美感，给他人留下美好的印象。常用的配色方法有以下几种：① 同色搭配，如黑色上衣配黑色裤子、浅蓝色上衣配深蓝色裤子等；② 对比色搭配，如白色配黑色、蓝色配红色等；③ 相似色搭配，如绿色配蓝色、红色配橙色、黄色配浅绿色等；④ 点缀色搭配，如用红色点缀黑色基础色等。需要注意的是，服饰的搭配色彩一般不宜超过三种。

（二）男士着装

西装是当代职场中男士最常用的服饰。一套合体的西装，可以让男士显得潇洒、精神、风度翩翩。具体而言，男士穿西装时应当遵守以下几个方面的着装礼仪。

（1）西装的领子应紧贴衬衫领口，并且低于衬衫领口 1～2 厘米；西装上衣的下摆不能太长，下摆边沿应位于手臂下垂时手部虎口处；西装的袖口应位于手腕处；西装的宽松度应适宜，以能够内添一件羊毛衫为宜。

（2）在正式场合，应穿同质、同色的深色毛料三件套西装（包括上衣、马甲和裤子）。西装款式有双排扣和单排扣之分，单排扣西装又有两粒扣和三粒扣之分。穿双排扣西装时，一般应扣上全部纽扣，以示庄重。穿单排两粒扣西装时，只需扣上面一粒纽扣；穿单排三粒扣西装时，只需扣中间一粒纽扣，坐下时可解开。穿单排扣西装时也可以不扣所有纽扣。

（3）与西装搭配的衬衫多为单色，且以浅色为主。衬衫的领口应干净、平整、挺括，不能有污垢。衬衫下摆应塞进裤腰里。衬衫衣袖应比西装衣袖长 1～2 厘米，以显示衣着的层次。

（4）领带是西装的“灵魂”。领带的颜色和图案应与衬衣和西装协调搭配。领带的领结应饱满，并与衬衫的领口吻合。领带的长度以系好后下端正好触及皮带扣上端为宜。领带夹一般应夹在衬衫第三粒与第四粒扣子之间，并确保在扣好西装纽扣后领带夹不外露。

（5）西装裤腿应盖在鞋面上，裤线应熨烫直挺。穿西装时应搭配深色皮鞋与深色袜子，并确保鞋面清洁光亮、袜筒高度适宜，切忌穿运动鞋、凉鞋或浅色袜子等。

（三）女士着装

女士的职业着装要既端庄，又不过于古板；既生动，又不过于另类；既成熟，又不过于性感。通常，职场中女士着装以套装（即西装配长裤）与套裙（即西装配半身裙）为主。

1. 套装或套裙的选择

一般情况下，女士选择套装或套裙时应注意以下事项。

（1）面料。应选择具有匀称、平整、光洁、悬垂、挺括、不起皱、不起毛、不起球等特征的面料。需要注意的是，整套服装的面料必须一致。

（2）颜色。女士可根据自己的肤色选择套装或套裙的颜色。通常，套装或套裙的颜色以黑色、藏青色、灰褐色、灰色、暗红色等颜色为最佳。

（3）尺寸。套装或套裙必须合身，过大或过小的服装会有损个人形象。穿套裙时，半身裙的长度最长以到达小腿中部为宜，最短以坐下时裙子向上缩离膝盖不超过 10 厘米为宜。

2. 套装或套裙的搭配

女士穿职业套装或套裙时，应注意合理搭配衬衫和鞋袜。

（1）衬衫。作为套装或套裙的内搭，衬衫的颜色以素色为宜，款式应当简洁，不要有花边、皱褶和夸张的图案。衬衫下摆必须掖入下装之内，而不能垂悬在下装之外或打结于腰间。此外，可以用不同色系的腰带或丝巾对衬衫进行装饰。

（2）鞋袜。与套装或套裙配套的鞋子宜为皮鞋，且以黑色为主；鞋子宜为高跟、半高跟的船式皮鞋或盖式皮鞋，图案与装饰均不宜过多。搭配裙装的袜子应为长筒型或连体型，其颜色以肉色、黑色、浅灰、浅棕为最佳，且最好是单色。需要注意的是，不可穿露趾鞋，也不可穿半截丝袜、彩色丝袜和带花边的丝袜。

三、姿态礼仪

姿态是指人在行为中所展现出来的各种姿势，主要包括站姿、坐姿、走姿、蹲姿等。一个人姿态端庄、举止文雅、落落大方，能够给人留下良好的印象，也有利于其与他人建立良好的人际关系。

（一）站姿礼仪

站姿是人最基本的姿态。良好的站姿能够展现出一个人的气质与风度，给人以挺拔笔直、精力充沛、积极进取和充满自信的感觉。

1. 站姿的基本要领

（1）头正。双目平视，颈部挺直，下颚微收，表情自然。

（2）肩展。双肩舒展，放平，自然放松，稍向下沉。

（3）臂垂。双臂放松，双手自然垂于身体两侧，手指并拢，自然弯曲。

（4）挺胸。后背挺直，胸部舒展，自然上挺。

（5）收腹。腰部挺直，腹部微微紧收，保持自然呼吸。

（6）提臀。臀部肌肉向内、向上收紧。

（7）腿直。双腿挺直，双膝紧贴，腿部肌肉向内收紧，身体重心置于双腿之间。

站姿的基本要领

2. 女士站姿

女士站姿应优美、庄重、大方，体现柔和轻盈之美。一般而言，女士在职场中可采用丁字步站姿和扇形站姿，具体要求如下。

（1）丁字步站姿：双手虎口交叠于腹前，贴于肚脐处，手指伸直但不外翘，双腿并拢，膝盖紧贴，一只脚的脚跟靠在另一只脚的脚窝处，站成小丁字步，如图 7-7（a）所示。这种站姿礼仪性较强，适用于较正式的职场迎送场合。

（2）扇形站姿：双手交叉握于腹前，双腿直立，脚跟靠拢，双脚脚尖分开约成 60 度角，站成小八字步，如图 7-7（b）所示。这种站姿较为自由，适用于不太正式的职业场合。

（a）丁字步站姿

（b）扇形站姿

图 7-7 女士站姿

3. 男士站姿

男士站姿应稳健、刚毅、洒脱，体现阳刚之美。一般而言，男士在职场中可采用前腹式分腿式站姿和后背式分腿式站姿，具体要求如下。

（1）前腹式分腿式站姿：双手交叉于腹前，左手握住右手手腕，双脚分开（双脚外沿宽度以不超过两肩的宽度为宜），身体重心落于两脚之间，如图 7-8（a）所示。这种站姿略显自由，适用于一般职业场合。

（2）后背式分腿式站姿：双手交叉于背后，左手握住右手手腕，自然贴于背部，双脚分开（双脚外沿宽度以不超过两肩的宽度为宜），如图 7-8（b）所示。这种站姿略带威严，适用于较为正式、严肃的商务迎送场合。

（a）前腹式分腿式站姿

（b）后背式分腿式站姿

图 7-8　男士站姿

4. 站姿礼仪禁忌

站立时，切忌出现以下几种行为举动。

（1）膝盖伸不直，给人一种无精打采的感觉。

（2）弯腰驼背，叉腰屈腿，两肩一高一低。

（3）在正式场合，将双手插于衣兜，用双手搓脸、拨弄头发或抱肘于胸前。

（4）斜靠在马路旁的树干、招牌、墙壁或栏杆上。

（5）两脚分得很开，或两腿交叉站立。

（6）一条腿弯曲并抖动，用脚打拍子或不停地划弧线。

（7）不停地摇摆身子，扭捏作态。

（8）与他人勾肩搭背。

（二）坐姿礼仪

坐姿是指人在入座、在座、离座时的姿态。在职场中，无论是女士还是男士，其坐姿都应给人以端正、大方、自然、稳重之感。

1. 坐姿的基本要领

（1）入座时要稳，即入座时先走到座位前面，然后转身轻稳地坐下，切忌沉重地落座。如果女士穿着裙装，坐下前，应用双手从臀部由上往下将裙子轻拢一下，以保持裙边平整、不起皱，并防止走光。

（2）在座时要遵守以下几点要领：① 上身挺直，头部端正，双目平视；② 两臂自然弯曲，双手放在腿上，双膝并拢，双腿正放或侧放；③ 在座时，宜坐满椅子的 1/2 或 2/3，而不宜坐满椅子面；④ 与邻座交谈时，可以侧坐，此时上身与腿应同时转向一侧。

（3）离座时，应先将右脚后收半步，找到支撑点后起立，起立时应保持上身平稳端正，切勿向前哈腰或左右摇摆。

2. 女士坐姿

在职场中，女士的坐姿主要可分为标准式坐姿、侧点式坐姿、交叉式坐姿和重叠式坐姿。

（1）标准式坐姿：上身与大腿、大腿与小腿、小腿与地面均成直角，双腿并拢，双膝紧贴，双脚并排靠拢，双手虎口交叠于左腿上，如图 7-9（a）所示。

（2）侧点式坐姿：上身端正，双膝紧贴，两小腿并拢且平移至身体一侧，与地面约成 45 度角，双脚平放或脚尖点地，双手互握于腹前一侧，如图 7-9（b）所示。

（3）交叉式坐姿：上身端正，双膝紧贴，双脚在踝关节处交叉后略向身体一侧倾斜，一只脚脚掌着地，另一只脚脚尖点地，双手互握置于腹前一侧，如图 7-9（c）所示。采用这种坐姿时，也可将双脚交叉略向后收。

（4）重叠式坐姿：上身端正，两小腿平移至身体左侧，与地面约成 45 度角，右腿叠于左腿之上，右脚挂于左脚踝关节处，脚尖向下，左脚掌着地，如图 7-9（d）所示。采用这种坐姿时，也可以交换两腿的上下位置，将左腿叠于右腿之上，并将两小腿移至身体右侧。

（a）标准式坐姿

（b）侧点式坐姿

（c）交叉式坐姿

（d）重叠式坐姿

图 7-9 女士坐姿

3. 男士坐姿

在职场中，男士的坐姿主要可分为开膝式坐姿和重叠式坐姿。

（1）开膝式坐姿：上身与大腿、大腿与小腿、小腿与地面均成直角，双膝、双脚自然分开（不超过肩宽），脚尖朝前，双手分别放于两腿上，如图 7-10（a）所示。

（2）重叠式坐姿：上身保持端正，左小腿垂直于地面，右腿叠于左腿上，右小腿向里收，右脚脚尖向下压，双手互握置于右腿上，如图 7-10（b）所示。采用这种坐姿时，交叠的双腿可以互换位置。

（a）开膝式坐姿

（b）重叠式坐姿

图 7-10　男士坐姿

4. 坐姿礼仪禁忌

落座后，切忌出现以下几种行为举动。

（1）身体后仰，或者瘫坐在椅子或沙发上。

（2）双手环抱膝盖、夹在两腿之间或放在臀部下面。

（3）跷二郎腿、双腿叉开或者双腿伸得很远。

（4）脚部抖动、蹬踏他物或脚尖指向他人。

（三）走姿礼仪

走姿是指人在行走过程中形成的姿态。正确、优美的走姿能够反映出一个人充满活力的精神状态，给人以美的享受。

1. 走姿的基本要领

（1）姿态端正。行走时昂首挺胸，收腹提臀，双肩放平，下沉，双目平视，重心稍向前倾，双臂自然地前后摆动，摆幅为 30～40 厘米，前摆幅稍大于后摆幅；掌心朝内，手指自然弯曲；脚尖朝向正前方，脚跟先于脚掌着地，脚尖蹬地不断前行。

（2）步位平直。步位是指脚落地时的位置。男士行走时应两脚平行前行，步位路线呈两条平行线。女士行走时应以脚尖正对着前方，步位路线应尽可能呈一条直线。

（3）步幅适中，步态适宜。步幅是指跨步时两脚之间的距离。标准步幅为一脚至一脚半的距离。男士的步幅应略大，步态应稳健有力、刚毅洒脱，展现阳刚之美；女士的步幅应略小，步态应轻盈含蓄、优雅端庄，展现阴柔之秀。

（4）步高得当。步高是指行走时脚距离地面的高度。行走时脚不要抬得过高，否则会产生违和感；也不能抬得过低，否则会显得缺乏朝气。

2. 走姿礼仪禁忌

走路时，切忌出现以下几种行为举动。

（1）弯腰驼背。

（2）走八字步。

（3）用脚拖地、跳着走路或踮脚走路。

（4）身体不稳、摇头晃脑或晃臂扭腰。

（5）上下楼梯时弯腰弓背、手撑大腿或一步跨两三级台阶。

（6）与其他人离得太近，或与他人发生肢体碰撞。

（7）多人一起并排行走或勾肩搭背。

（8）尾随他人或对他人指指点点。

（四）蹲姿礼仪

蹲姿是指人由站立的姿态转变为两腿弯曲和身体高度下降这种特殊体位时的姿势。在职场中，从业人员在捡拾物品、整理低处物品或系鞋带等情况下，都需要用到蹲姿。恰当、得体的蹲姿能够体现一个人良好的行为习惯与修养；反之，不恰当、不得体的蹲姿则会有损个人形象。

1. 蹲姿的基本要领

（1）上身保持端正，脊背挺直，一只脚向后撤半步，前方的脚全脚掌撑着地，后方的脚脚跟离地，身体重心落在位于后方的腿上，然后直腰下蹲，平缓屈腿，臀部下移，双腿合力支撑身体，双膝一高一低，双手分别放在双膝上。

（2）起身时，挺直腰部，平稳起立，收步站好。

2. 常用的蹲姿

（1）高低式蹲姿。下蹲时，左脚在前，脚掌完全着地，右脚在后，脚掌着地、脚跟提起；屈腿下蹲后，左小腿基本垂直于地面或与地面成 60 度角，右腿居后，右膝低于左膝，形成左高右低的姿态。采用这种蹲姿时，左、右脚可以互换。男士采用这种蹲姿时，可将两腿适当分开，如图 7-11（a）所示；女士采用这种蹲姿时，应将两腿靠拢，并可略微侧转上身，如图 7-11（b）所示。

（2）交叉式蹲姿。下蹲时，左脚在前，脚掌完全着地，右脚在后，脚掌着地、脚跟提起；屈腿下蹲后，左小腿基本垂直于地面，右腿从左腿下方伸向左侧，两腿交叉重叠，合力支撑身体，腰背挺直、略向前倾，如图 7-12 所示。这种蹲姿的造型优美典雅，适用于女性。采用这种蹲姿时，左、右腿可以互换。

（a）男士高低式蹲姿　　（b）女士高低式蹲姿

图 7-11　高低式蹲姿

图 7-12　交叉式蹲姿

3. 蹲姿礼仪禁忌

下蹲时，切忌出现以下几种行为举动。

（1）下蹲时两腿张开，平衡下蹲。

（2）下蹲时东张西望或弯腰驼背。

（3）下蹲速度过快。

（4）蹲在椅子上，或者在公共场合蹲着休息。

课堂活动

（1）将全班同学平均分成若干小组。

（2）以小组为单位，根据姿态礼仪的动作要点进行练习，小组成员相互纠正。

（3）在练习时可进行摄像，然后观看录像，了解自己的各种姿势是否正确，动作是否到位。

（4）请教师对各组的姿态练习进行指导，再根据教师的反馈反复练习，直至达到标准。

模块二　谦和好礼——熟悉日常礼仪

一、称呼礼仪

称呼是当面招呼或背后指称用的表示彼此关系或对方身份的名称。称呼礼仪是从业人员在职场中指称他人时应遵循的礼仪规范，是职场交往中不可或缺的礼仪要素。

（一）称呼的分类

在职场中，称呼可分为职务性称呼、职称性称呼、职业性称呼和姓名性称呼。从业人员应根据具体情况选择合适的称呼。

1. 职务性称呼

职务性称呼，即以对方的职务相称，以示身份有别、敬意有加。这种称呼具体可分为以下三种形式。

（1）仅称职务，如“经理”“主任”等。

（2）在职务前加上姓氏，如“胡经理”“郑主任”等。

（3）在职务前加上姓名，如“胡林芸经理”“郑乐主任”等。需要注意的是，这种称呼通常适用于极其正式的场合。

2. 职称性称呼

职称性称呼，即对于有职称的人，尤其是具有高级或中级职称的人，可直接以其职称相称。这种称呼具体可分为以下三种形式。

（1）仅称职称，如“教授”“工程师”等。

（2）在职称前加上姓氏，如“李教授”“王工程师”等。这种称呼有时也可以简化，如将“王工程师”简称为“王工”，但其使用前提是不会产生歧义，让人误会。

（3）在职称前加上姓名，如“李明教授”“王涛工程师”等。这种称呼通常适用于比较正式的场合。

3. 职业性称呼

职业性称呼，即对于从事某些特定职业的人，直接称呼其职业，如称警察为“警官”，称医护人员为“医生”“护士”等。一般而言，这类称呼前均可加上被称呼者的姓氏或姓名。

4. 姓名性称呼

姓名性称呼，即直接称呼对方的姓名。这种称呼与日常交往中对朋友、熟人的称呼相似，可根据具体情况直呼对方姓名；或只称其姓，不呼其名；或只呼其名，不称其姓。

（二）称呼使用的基本原则

从业人员在指称他人时应遵循有礼有序、入乡随俗的原则。

1. 有礼有序

指称他人应当按照一定的顺序进行，通常的顺序是先上级后下级、先长辈后同辈、先陌生人后熟人。

2. 入乡随俗

由于称呼可能会因国情、民族、宗教或文化背景的不同而不同，因此，指称他人时应当考虑被指称者所在地的习俗。

二、握手礼仪

握手是职场中最常用的一种礼节，它可以传达欢迎、惜别、祝贺、鼓励、感谢、慰问和信任等情感，能够促进交往双方之间的沟通与交流。

（一）握手的姿势

握手时，应距离对方约一步（75 厘米左右），双脚立正，上身略向前倾，左臂下垂，伸出右手，右前臂抬至腰部，四指并拢、拇指张开，与对方右手的虎口交叉，相握，如图 7-13 所示。为了表示真诚与热烈，可以握住对方的手上下轻轻摇晃几下。需要注意的是，男士与女士握手时，一般只宜轻握女士的手指部分，如图 7-14 所示。

图 7-13　握手姿势

图 7-14　男士与女士握手姿势

（二）握手的要领

（1）神态。握手时，应面带微笑，目视对方的眼睛，神态自然、热情、专注，以体现对对方的友好与尊重。

（2）力度。握手的力度应当适中，不可过大也不可过小。力度过大，会让人承受不了或给人以粗鲁感；毫无力度或伸而不握，会给人以敷衍或缺乏热忱之感。具体而言，若对方是亲友，则握手力度可稍大一些；若对方是异性或初次相识者，则握手力度不可过大。

（3）时间。握手的时间通常以 3～5 秒为宜，不可过短也不可过长。时间过短，会给人以敷衍之感；时间过长，特别是对于异性或初次相识者，可能会使对方误会或不快。

（三）握手的顺序

握手时，讲究伸手的先后顺序。一般而言，握手顺序主要取决于性别、职位和身份等，遵循“尊者为先”的原则，具体规则包括以下几个方面的内容。

（1）女士优先。女士伸出手后，男士才可伸手相握。

（2）长者优先。年长者伸出手后，年轻者才可伸手相握。

（3）职位高者优先。职位高者伸出手后，职位低者才可伸手相握。

（4）迎送客人时分先后。迎接客人时，主人应先伸出手，主动与客人握手，以表示欢迎；送别客人时，主人不可主动握手，而应待客人伸手握别时才可与之握手，否则会有逐客之嫌。

（5）先到者优先。先到者与后到者握手时，应由先到者先伸出手。

需要注意的是，若一个人需要与多人握手，则握手时应遵循“先尊后卑”的原则；若握手对象的尊卑差别不明显，则应按照顺时针或由近及远的顺序挨个进行，切勿顾此失彼。

课堂活动

有人说，握手的顺序规则主要是用来律己的，而不是用来苛求他人的。那么，在职场中，当他人违反了握手的顺序规则时，从业人员应该如何做？

（四）握手的禁忌

与他人握手时，应注意以下几个方面的禁忌。

（1）切忌用左手与他人握手。

（2）切忌戴着手套、墨镜或帽子与他人握手，但女士着礼服、戴薄纱手套时例外。

（3）切忌拒绝与他人握手，若不方便握手，则应说明缘由，以免造成误会。

（4）切忌交叉握手（即当两人握手时，第三者将胳膊从二人的胳膊上方伸过去与其他人握手），而应待他人握手结束后，再伸手相握。

（5）握手时，切忌将另外一只手插在口袋里。

（6）握手时，切忌左顾右盼、心不在焉或面无表情。

（7）切忌在与他人握手后立即擦拭自己的手或洗手。

三、介绍礼仪

介绍是职场会面活动中的一个重要环节，无论是介绍他人还是自我介绍，从业人员都应遵守一定的礼仪规范。

（一）自我介绍

自我介绍是指与他人初次见面时，将自己介绍给他人，使其认识自己。合乎礼仪的自我介绍能够有效地展示个人修养和魅力，给他人留下良好印象。

1. 自我介绍的方式

一般而言，自我介绍的方式主要有以下几种。

（1）应酬式自我介绍。该方式主要适用于某些公共场合和一般的社交场合（如旅途中、舞会上等），用于向对方表明自己的身份。例如，“您好！我叫张丽。”

（2）公务式自我介绍。该方式主要适用于工作场合，其内容应包括姓名、所在单位及部门、担任的职务等。例如，“您好！我叫王红敏，是××公司的业务经理。”

（3）交流式自我介绍。该方式主要适用于一般的商务社交场合，通常用于寻求与交往对象的进一步交流和沟通。这种自我介绍的内容一般包括姓名、工作、籍贯、爱好，以及与交往对象有某些联系的事物。例如，“您好！我叫张静芬，在××公司工作，河北人。我和您一样，喜欢打羽毛球。”“您好！我叫李彤，在××公司工作。您的同学赵波是我的同事，他常向我提起您。”

（4）礼仪式自我介绍。该方式主要适用于讲座、报告、演出、庆典、仪式等一些正式而隆重的社交场合，用于向交往对象表示友好与敬意。这种自我介绍的内容一般包括姓名、单位、职务等，同时，还应加入一些表示欢迎、感谢之类的谦辞、敬辞等。例如，“各位来宾，大家好！我叫张萌，是××公司的业务经理。我代表本公司全体员工欢迎大家参加今天的周年庆典，愿各位在此度过一个美好的周末。”

（5）问答式自我介绍。该方式主要适用于应试、应聘、公务交往等场合，其主要特点是“你问我答”。这种自我介绍的内容应与交往对象所提的问题相对应。例如，主考官说“您好！请介绍一下你的基本情况”，应聘者回答“您好！我叫李××，24 岁，河南洛阳人，汉族……”

2. 自我介绍的注意事项

在进行自我介绍时，除了应注意方式之外，还应注意以下事项。

（1）注意顺序。多人相互自我介绍时，通常应按照以下顺序进行：① 主人与客人相互介绍时，主人应先做自我介绍；② 男士与女士相互介绍时，男士应先做自我介绍；③ 长辈与晚辈相互介绍时，晚辈应先做自我介绍；④ 职位高者与职位低者相互介绍时，职位低者应先做自我介绍。

（2）讲究态度。进行自我介绍时，一般应保持站立姿势，面带微笑，目光坦然，语气平和，举止庄重、大方，表现出亲切、自然、友善的态度。

（3）把握时间。首先，自我介绍应在对方有空闲、情绪较好、有兴趣认识自己时等合适的时间点进行，切勿在对方休息、用餐、忙于处理事务、心情不好时等时间点进行，否则可能会引起对方的反感，不利于进一步沟通。其次，自我介绍的时间一般应控制在一分钟之内，否则会显得啰唆，易使对方厌烦。

（二）介绍他人

介绍他人是指作为第三方为彼此不相识的双方引见，使他们相互认识，建立联系。其中，被介绍的双方为被介绍人，介绍双方的人为介绍人。介绍人通常由商务活动中的东道主、身份较高的人士或礼仪专职人员担任。

1. 介绍他人的方式

介绍他人时，应根据不同场合或不同需要，采用不同的方式进行。通常，介绍他人的方式主要有以下几种。

（1）简单式介绍。该方式主要适用于一般的社交场合，其内容往往只有被介绍人的姓名，有时只提到被介绍人的姓氏。例如，“我来介绍一下，这位是张教授，这位是刘教授。”

（2）标准式介绍。该方式主要适用于正式场合，其内容以被介绍人的姓名、单位和职务等为主。例如，“我来为二位引见一下。这位是×公司销售部经理李××女士，这位是××公司总经理林××先生。”

（3）强调式介绍。该方式除了介绍被介绍人的姓名外，往往还会刻意强调一下其中一位被介绍人与介绍人之间的特殊关系，以便引起另一位被介绍人的重视。例如，“这是我的女儿刘××，请杨总多多关照。”

（4）推荐式介绍。该方式主要适用于比较正式的场合，介绍人是经过精心准备的，目的是将其中一位被介绍人举荐给另一位被介绍人，介绍时通常会对前者的优点加以重点介绍。例如，“李总，这位是王××先生，他是一位出色的企业管理人才，对企业管理颇有研究。你们可以聊一聊。”

2. 介绍他人的顺序

介绍他人时，应遵循先卑后尊、先少后长、先男后女、先主后客、先下级后上级的原则进行。例如，介绍上级与下级认识时，应先介绍下级，后介绍上级；介绍长辈与晚辈认识时，应先介绍晚辈，后介绍长辈；介绍客人与主人认识时，应先介绍主人，后介绍客人；介绍先到者与后来者认识时，应先介绍后来者，后介绍先到者；等等。

3. 介绍他人的注意事项

（1）介绍人要注意自己的姿态。作为介绍人，无论介绍哪一方，都应举止文雅、面带微笑、热情友好。同时，介绍语应简单明了、脉络清楚。

（2）介绍人在介绍他人之前，要先征求被介绍人的意见。被介绍人在介绍人询问自己是否有意认识某人时，一般应欣然表示接受。如果实在不愿意，应向介绍人说明缘由，以获得谅解。

（3）在介绍他人时，最好是姓名并提，并附加简短的说明，如被介绍人的职称、职务、学位、爱好和特长等。这种介绍方式给被介绍人提供了开始交谈的话题，最易被人接受。

（4）介绍人介绍完后，被介绍人应依照合乎礼仪的顺序握手，并彼此使用“您好”“很高兴认识您”“久仰大名”“幸会”等礼貌用语问候对方。同时，被介绍人还要用心记住对方的名字，而不能心不在焉，以免引发尴尬。

课堂活动

请同学们分成若干组，分设情境，根据所学知识进行介绍和被介绍礼仪的练习。

四、名片礼仪

名片是一种记录个人主要信息的精美卡片，它能够表明个人身份、体现个人风格。在职场中，恰当地使用名片能够有效地展示自己的涵养与风度，促进人际交往与沟通。

（一）名片的用途

1. 自我介绍

名片是自我介绍的重要辅助工具。与交往对象初次见面时，从业人员可以使用名片向对方做自我介绍。这样可以表明身份、节省时间并强化效果。

2. 保持联络

名片上通常记录了联系方式。在职场交往中，向他人递送名片或与之互换名片，能够获得对方的联系方式，以便与对方保持联络，进而促进交往与合作。

3. 通报变更

当更换了单位、调整了职务或更换了电话号码时，从业人员将变更了信息的名片递交给曾经的交往对象，就能将自己的最新情况告知对方，以使彼此之间的联系保持畅通。

4. 拜会他人

初次前往他人工作单位时，从业人员可将自己的名片交给对方的接待人员，由其转交给被拜访者，以便对方确认拜访者的身份后再决定是否见面，以避免冒昧造访而引起被拜访者的反感。

5. 充当留言单

当拜访某人或需要向某人传达某事而对方不在时，从业人员可在本人名片上简单写上具体事由，并在名片左下角写上“n.b.”（意为“请注意”），然后托他人转交给对方，以便对方见到名片时“如见其人”并知晓其事，避免误事。

知识视窗

名片上缩写字母的含义

按照国际通用的做法，在名片左下方写上以下缩写字母，可以表示特定的含义。

（1）n.b.表示“请注意”，通常用于提醒对方留意附言。

（2）p.p.表示“介绍”，通常用于向对方介绍某人。

（3）p.f.表示“祝贺”，通常用于恭贺节日或纪念日。

（4）p.f.n.a.表示“恭贺新禧”或“新年愉快”。

（5）p.p.n.表示“慰问”，通常用于问候病人。

（6）p.p.c.表示“辞行”，通常用于向他人告别。

（7）p.r.表示“谨谢”，通常用于收到礼物或受到款待后表示感谢。

（二）名片的使用

1. 准备名片

在职场中，从业人员应有意识地准备足够数量的名片，将其放入专门的名片夹内，并装入上衣口袋或随身携带的公文包中，以便拿取。

需要注意的是，不可将名片与接收的他人名片混放在一起，以免慌乱中误将他人名片递送出去而致使他人误解。

2. 递送名片

在职场中，若希望结识他人或与他人建立联系，从业人员可以主动向其递送名片。递送名片时，从业人员应当遵守以下礼仪规范：① 把握适宜的时机，不宜过早或过晚；② 主动起身并走近对方，面带微笑，注视对方，将名片正面朝上，文字正对对方，用双手的拇指和食指持握名片上端的两角，举至胸前，上身略微前倾，恭敬地递给对方（见图 7-15），并略道谦恭之语，如“张总，这是我的名片，请多关照”等。

3. 接受名片

（1）态度谦恭。当他人向自己递送名片时，应立即放下手中的一切事务，起身相迎，面带微笑，目视对方，点头致意，用双手的拇指与食指接住名片下端的两角（见图 7-16），并略道谦恭之语，如“很高兴认识您”“能得到您的名片，我深感荣幸”等。

图 7-15　递送名片的姿势

图 7-16　接受名片的姿势

（2）认真阅读。接过名片之后，应认真地将名片内容默读一遍。若对名片内容有所不明，可以当场请教对方，以示重视。

（3）妥善存放。在阅读了对方的名片之后，应将其放入名片夹、上衣口袋、公文包或办公桌抽屉里，以示尊重与珍惜。切忌将对方的名片随意扔到桌上、夹到书中或压到杯子下面等，否则，就是不尊重对方的表现，会引起对方的反感甚至恼怒。

忽视名片，错失合作

某公司经理王某在咖啡厅约见了一位重要客户李某。双方见面后，李某恭敬地向王某递上了自己的名片，并有礼貌地说："王总，您好！这是我的名片。"王某接过名片后草草地看了一下，就将名片随意地放到了桌子上，着急地开始与李某谈论合作事宜。过了一会儿，服务人员端来咖啡并请二位慢用。王某端起咖啡喝了一口，便将咖啡杯放在了李某的名片上。这一举动令李某皱了皱眉头，但王某并没有察觉到。

在接下来的谈话中，李某的态度非常冷淡，也没有与王某就合作事宜进行实质性的洽谈，而是礼貌地寒暄一阵之后就托词告别了。

（4）回递名片。在接受了对方的名片之后，一般应立即回递名片，否则会让对方误认为无意与其交往。若尚无名片、忘带名片或者名片用完了，则应向对方说明理由并致以歉意。必要时，可在一张干净的纸上写上自己的相关信息递给对方，或向对方承诺改日补上。

模块三　矩步方行——了解办公室礼仪

一、办公室基本礼仪

办公室是现代社会最为典型的工作场所。为了创造更好的工作氛围，无论是在自己的工作岗位上，还是在公共办公区域使用公共设备，从业人员都要遵守一定的办公礼仪规范。

（一）办公环境礼仪

大部分从业人员的工作都是在办公桌前完成的。办公桌虽小，却像一面镜子，整洁的办公桌可以反映出从业人员的干练个性和工作的高效率。

为了保持整洁的办公环境，从业人员应做到以下几点：① 经常清理自己的办公废弃物；② 定期擦拭自己的办公桌及办公用品，保持办公桌及办公用品干净、整洁；③ 最好将办公用品分类摆放，做到整齐有序；④ 暂时离开座位时，将桌面文件覆盖、收好，设置电脑屏保，注意保密；⑤ 下班时整理办公桌，将文件或资料一律放在抽屉或文件柜中，并做好文件分类归档工作。

（二）言行举止礼仪

1. 仪表仪态稳重端庄，符合办公场所要求

一旦进入办公场所，从业人员就应时刻注意自身的仪表、仪态，做到正式、庄重、得体，切不可穿着随意和标新立异，更不能打扮得华丽妖艳、引人侧目。

2. 遵守办公纪律，准时出勤

从业人员应严格遵守企业的工作时间规定，准时上班，最好提前 10 分钟进入办公室，以便有充分的时间准备好当日办公所需的资料与用品。下班时，应尽量按计划完成相关工作后再离开办公室，切忌未到时间就坐等下班或早退。离开办公室时，应整理好办公用品及资料，以便次日继续使用。

3. 公私分明，言行规范

在办公期间，从业人员应严格区分公事与私事，遵守工作规范，恪守职业操守，做到以下几点：① 不阅读与工作无关的书籍或资料；② 不上网聊天、玩游戏、看影视剧、听音乐、炒股和网购；③ 不用办公室电话沟通私事；④ 不用办公设备处理个人事宜。

4. 用语文明，礼貌待人

在办公室内与人交谈时，要音量适中，称呼文雅，语气谦和，多使用谦语、敬语，讲普通话；不在办公区域吸烟、大声喧哗、吃零食和打瞌睡；与同事交流问题时，应起身走近同事，不能影响他人，时刻注意保持办公环境的安静；不随意在办公区域来回走动，以免影响他人工作；进入他人办公室前要轻叩房门，未经允许绝不要贸然进入；借用的公用物品或他人物品在使用后应及时送还；未经许可，不得翻阅不归自己负责的文件或资料。

课堂活动

小李是某公司新录用的一名员工，她入职后很快就成了同事们“敬而远之”的对象。原因在于：她只要对哪位上级有意见，就会马上和大家“分享”这位上级的小道消息、绯闻；她看不惯哪位同事，就会到处说那个同事的坏话；她每次取得不错的业绩时，就会看不起那些比她业绩差的同事，还总是想指点别人……

想一想，小李为什么让人“敬而远之”？

（三）办公公共区域礼仪

1. 公用茶水间、洗手间礼仪

在公用茶水间、洗手间内，从业人员应做到以下几点：① 正确使用茶水间设备，节约用水，避免浪费，并注意保持环境卫生；② 茶水间或洗手间的人较多时，应礼貌谦让；③ 不要在茶水间、洗手间扎堆聊天，更不要议论公事或他人隐私。

2. 会议室礼仪

因会议室供多部门共用，为避免发生会议冲突，安排会议时应事先与管理人员进行预约。

同时，在会议结束后，要带走有关资料，关闭设备，恢复会议室的整洁，并按时交还钥匙。

（四）使用公用设备礼仪

在使用打印机、复印机或传真机等公用设备时，从业人员应做到以下几点：① 小心谨慎，不可随心所欲，乱用乱放；② 遵循先后有序的原则，一般是先到者先用，先到者应礼貌地请排在后面的同事稍等一会儿；③ 设备纸张用完时，及时添加；④ 如果遇到设备故障，处理好再离开；⑤ 使用公用设备后，一定要将原件带走，以免丢失资料或泄密。

二、电话礼仪

电话是职场中必不可少的一种联络工具。为了塑造良好的企业与个人形象，从业人员在使用电话时必须遵守相应的电话礼仪规范。

（一）电话礼仪的基本要求

无论是拨打电话还是接听电话，从业人员的行为举止都应符合以下基本要求。

（1）面带微笑。通话时应面带微笑，因为微笑时的情绪可以通过电话传递给对方。

（2）举止得体。拨打或挂断电话时，应用双手轻拿或轻放话筒，切忌做出夺、扔、摔等动作；在通话过程中，应保持身体直挺、姿势端正、举止文雅，切忌弯腰驼背、东倒西歪或做夸张的肢体动作（如用头和肩部夹住话筒、将双腿放到桌面上等）。

（3）吐字清晰。通话时，应咬字准确、发音清楚、语速平缓、音量适中，切忌含含糊糊、不知所云、高声喊叫或小声耳语。

（4）语气柔和。通话时，语气应亲切柔和，切忌生硬傲慢、嗲声嗲气、拿腔拿调或阴阳怪气。

（5）过程专一。通话时，应当全神贯注，切忌边打电话边做其他事情，如吃东西、看书、听音乐、与其他人说话等。

（二）拨打电话的礼仪

1. 做好通话准备

拨打电话前，从业人员通常应做好内容、环境和时间方面的准备工作。

（1）内容准备。拨打电话前，从业人员应提前拟出明确的通话要点，并理出通话要点的顺序，备齐与通话内容有关的文件或资料，以免通话时语无伦次或遗漏通话要点。同时，还应准备好纸和笔，以便通话时记录重要信息。必要时，还应事先想好如何回答通话对象可能会问到的问题。

（2）环境准备。拨打电话时，应选择安静的通话环境，并考虑受话人（即自己打电话所要找的人）接听电话时所处的环境，切勿在嘈杂、吵闹的环境中通话，否则是极不礼貌的。此外，若通话涉及机密或隐私，还应确保通话环境的私密性。

（3）时间准备。

- ✧ 拨打时间。① 若打电话到受话人的住所，则应根据对方的生活习惯来确定拨打时间。一般而言，应避免选择过早、过晚或休息时间，如早晨 7 点以前、晚上 10 点以后、用餐时间、节假日等。若确有急事而不得不在不合适的时间打电话给对方时，接通电话时应立刻表示歉意并说明理由。② 若打电话到受话人的单位，则应根据对方的工作时间来确定拨打时间，一般应选择对方不太忙的时间，如工作日的上午 10 点左右或下午 3 点左右等。
- ✧ 通话时长。一般而言，每次通话时间应控制在 3 分钟之内。若通话时间确需很长，应征询受话人的意见，延长通话时间或另约通话时间，并在通话结束时略表歉意。

2. 耐心拨打

拨打电话时，从业人员应耐心地等待对方的回应。一般而言，铃声响过六声或大约半分钟后，还是无人接听，就可挂断电话。切忌在铃响未过三声时就挂断电话，或挂断后重复拨打。

3. 礼貌通话

拨通电话后，从业人员首先应向对方问好，并做自我介绍，然后向对方报出受话人的基本信息，其标准模式为“您好！我是××公司××部门××（职位）××（姓名），我要找贵公司××（职位）××（姓名）先生/女士。”

若电话是由他人代接的，则应在礼节性问候之后，使用礼貌用语（如“请”“劳驾”“麻烦”等）请其代为转接。若受话人不在，则可请代接人转告来电事由或约其他时间再联系。若电话由受话人亲自接听，则可礼貌地与之通话。

若通话时电话中断，应再次拨通电话并予以解释，以免对方以为电话是来电者有意挂断的。若拨错了电话，则应礼貌地向被打扰者道歉，切忌一声不吭地挂断电话。

4. 有序挂断

挂断电话时，通常应遵循以下三点规则：① 男士与女士通话时，由女士先挂断，男士后挂断；② 同级别的人通话时，原则上由发话人先挂断，受话人后挂断；③ 上级与下级通话时，应由上级先挂断，下级后挂断。

（三）接听电话的礼仪

1. 及时接听，礼貌应答

电话铃响后，应及时接听，切忌拖延、不接或直接挂断。一般而言，接听电话应遵守“铃响不过三声”的原则，以免发话人久等。若电话铃响超过三声才接听电话，则应在电话接通后先向发话人道歉，如“对不起，让您久等了”等。

通话时，首先应向发话人问好并做自我介绍，如“您好！××公司××部门××（本人姓名），请讲”等。

若自己就是受话人，则应礼貌地应答发话人。若自己不是受话人，则应礼貌地询问对方要找的受话人，并热情、迅速地为其转接，切忌漠然视之、挂断电话或在电话旁大声喊叫受话人的名字。

若受话人不在或不方便接听电话，则应向发话人致歉，并让其稍后再拨，如“对不起，他现在不在，您可以 10 分钟之后再打吗？”等；或者询问发话人是否需要转告，若需要，则记下其姓名及电话，切忌让发话人久等或直接挂断电话。

若对方拨错了电话，则应自报家门，友好地告知或提醒对方，切忌表露出愤怒或不耐烦的情绪，甚至斥责对方。

课堂活动

秘书小许桌前两台电话同时响起，小许手忙脚乱，一会儿拿起这个电话，一会儿拿起那个电话，结果两个客户都很不高兴。假如你是小许，你会如何处理这种情况？

2．仔细倾听，做好记录

无论自己是受话人还是代接人，都应当仔细倾听发话人的讲话，并不时地回应对方（如说“嗯”“哦”“是的”“好的”之类的话），让对方感受到自己在被倾听，切忌默不作声或轻易打断对方的话。

同时，在通话过程中应做好通话记录（包括发话人的来电时间、姓名和来电事由等内容），以便准确转达或避免遗忘。

3．结束通话，礼貌挂断

接听电话的一方不宜率先提出结束通话的要求，而应让对方先提出。若确有急事需要中止通话，则应向发话人说明原因、表示歉意，并再约时间，主动拨打给对方，且在下次通话时再次向对方致歉。

（四）使用手机的礼仪

手机是一种移动电话，它已成为当代从业人员使用最频繁的电子通信工具。从业人员在使用手机时，除要遵循上述拨打、接听电话的礼仪规范外，还应当注意以下几点。

（1）保持畅通。为了与外界保持联络，从业人员应准确无误地将手机号码告知交往对象，并尽量保证手机的话费与电池电量充足。若更换了手机号码，则应及时通知各交往对象，以免联系就此中断。

（2）铃声恰当。从业人员应尽量选用相对传统的手机铃声，切勿选用过分怪异、夸张或个性的铃声。此外，铃声的音量不可过大，以免手机铃声响起时影响他人。

（3）注重场合。从业人员使用手机时应选择合适的场合，以免给他人带来不便。通常，在商务会议、庆典、签约仪式或宴会等场合，应将手机调成振动或静音状态，以免手机在来电时响个不停。必要时，可暂时将手机关机或者委托他人代为保管，以示对在场交往对象的尊重或对有关活动的重视。

（4）重视私密。相对于固定电话而言，手机更具私密性。因此，从业人员不宜将手机号码随意告知他人、随便打探他人的手机号码或者未经他人同意随意将其手机号码转告其他人。

三、人际交往礼仪

良好的人际关系有利于从业人员顺利开展工作。职业中的人际关系礼仪主要体现在与上级、同事相处的过程中。

（一）与上级相处的礼仪

在职场中，从业人员与上级相处时应做到以下几点。

1．尊重上级，不越级越位

职场是一个注重等级的场所，作为下级应该牢记等级差别，切不可忘乎所以、越过上下级的界限。该由上级管理的事务，不要主动插手；在上级说话的时候，不要抢着说；与上级产生分歧时，不要当众与上级争辩；当上级对工作提出批评时，要专注地倾听、虚心地接受，不要表现得心不在焉；即使上级的批评有不当之处，也不能当面顶撞，而应在事后礼貌、委婉地向上级表达自己的看法。

2．注重礼节，把握好与上级之间的距离

下级对上级的称呼要分清场合，在正式场合需要使用正式称呼，不要使用简称。同时，无论在公司内还是在公司外，只要上级在场，下级离开时都应向上级致意。

3．注意仪态，遵守汇报的礼仪

（1）进入上级的办公室前，应先轻轻敲门，非请勿入。向上级汇报工作时，应准时到达，过早或迟到都不礼貌。

（2）汇报前一定要提前准备好汇报的内容和措辞，以免汇报时内容残缺、条理不清、词不达意。

（3）汇报时应力求用词准确、语句简练，避免使用口头禅。

（4）汇报时间不宜过长，一般应控制在半小时以内。

（5）汇报结束后礼貌离场。

（二）与同事相处的礼仪

在职场中，同事之间应彼此尊重、以礼相待、关系融洽，这样才能共同营造和谐的工作氛围，有益于共同成长。要想处理好同事关系，从业人员在礼仪方面应注意以下几点。

1．相互尊重

相互尊重是处理好任何一种人际关系的基础，同事关系也不例外，要友好平等地与同

事相处。对待同事不仅要做到以礼相待，而且要注意不能厚此薄彼。不能在背后议论同事的隐私和损害同事的名誉，不要在上级面前诋毁或攻击同事。

2. 关心同事

同事遇到职位降低、工作受阻和挫折不幸时，要能及时地给予真诚的关心和帮助，及时地伸出援助之手为同事排忧解难。这样可以增进双方之间的感情，使同事关系更加融洽。

3. 公平竞争

工作中存在竞争是不争的事实，竞争能促进工作的有效开展。但是切记同事之间要公平竞争，不能在背后耍心眼，贬低别人抬高自己，甚至踩着别人的肩膀往上爬。

4. 宽以待人

同事之间相处，误会在所难免。如果是自己的失误，应主动向对方道歉，以获得对方的谅解；当对方误会自己时应主动向对方说明，不可“小肚鸡肠”，耿耿于怀。切忌意气用事使事态复杂化，以致产生严重后果。如果问题比较严重，自己实在无法忍受，可请求上级帮助解决，必要时可诉诸法律，但绝不可因一时冲动而造成不可挽回的后果。

实践活动　情景模拟——商务交往，携“礼”同行

【活动背景】

“人无礼则不生，事无礼则不成，国无礼则不宁”，讲究礼仪能使人际关系更为和谐，能让社会生活更有秩序。当前，企业在招聘人才时不仅看重求职者的学习成绩和技能水平，也非常重视求职者的礼仪素养。为帮助学生明确礼仪的重要性，培养文明守礼的良好习惯，请同学们分角色模拟商务交往中的各个情景。

【实施步骤】

（1）教师拟定商务交往背景。假设 A 公司与 B 公司是合作伙伴。A 公司销售部刘经理计划 12 月 15 日带领团队前往北京访问 B 公司。B 公司销售部郭经理得知这一信息后，立即对接待事宜进行了安排。

（2）全班同学以 6～8 人为一组进行分组，并选出组长。

（3）组长组织小组成员先进行交流与讨论，然后进行任务和角色分工，并将小组成员及分工情况填入表 7-1 中。

表 7-1　小组成员及分工情况

小组成员	姓名	学号	角色	任务分工
组长				
组员				

（续表）

小组成员	姓名	学号	角色	任务分工
组员				

（4）小组成员讨论并创作情景模拟剧本。其内容包括：双方通过电话约定访问时间；B公司进行接待准备；B公司派代表迎接合作伙伴；人员介绍；等等。

（5）进行个人仪容仪表的整理，包括头发、面部和手部的修饰，服饰搭配等。

（6）开展情景模拟。

（7）其他小组认真观看，并记录情景模拟中礼仪运用不到位的地方。

（8）活动结束后，教师针对本次活动的整体情况做总结性发言。

活动评价

采取自评、小组互评和教师评价相结合的方式完成考核评价，并将其结果填写在如表7-2所示的考核评价表中。

表7-2 考核评价表

项目名称	评价内容	分值	评价分数		
			自评	互评	师评
知识与技能考核（60%）	掌握电话礼仪的要点及运用，能够在情景模拟中正确地拨打、接听电话，约定访问时间，并记录通话内容	20			
	掌握仪表礼仪、着装礼仪和姿态礼仪的要点及运用，能够在情景模拟中着装得体、行为规范	20			
	掌握见面礼仪的要点及运用，能够在情景模拟中正确使用称呼、介绍与握手	20			
综合素质考核（40%）	剧本情节设计合理，逻辑清晰，具有可实施性	10			
	态度认真，积极实施任务	10			
	具备良好的团队合作意识，善于与他人合作	10			
	情景模拟过程中言行举止大方得体	10			
合计		100			
总评	自评（20%）+互评（20%）+师评（60%）=	教师（签名）：			

复习与思考

一、不定项选择题

1．职场中，名片的用途有（　　）。

A．自我介绍　　B．保持联络

C．充当留言单　　D．拜会他人

2．介绍他人时，应遵循一定的顺序。下列关于介绍礼仪的说法中，表述错误的是（　　）。

A．介绍上级与下级认识时，应先介绍下级，后介绍上级

B．介绍客人与主人认识时，应先介绍客人，后介绍主人

C．介绍长辈与晚辈认识时，应先介绍晚辈，后介绍长辈

D．介绍先到者与后来者认识时，应先介绍后来者，后介绍先到者

3．拨打电话前，从业人员通常应做好（　　）方面的准备工作。

A．形象　　B．环境

C．内容　　D．时间

4．色彩是服饰不可或缺的组成部分。一般而言，常用的配色方法有（　　）。

A．同色搭配　　B．对比色搭配

C．相似色搭配　　D．点缀色搭配

5．职场是一个注重等级的场所，作为下级应该牢记等级差别，切不可忘乎所以、越过上下级的界限。下列关于与上级相处的礼仪规范的说法中，表述正确的是（　　）。

A．尊重上级，不越级越位

B．与上级产生分歧时，不要当众与上级争辩

C．在正式场合需要使用正式称呼，不要使用简称

D．汇报时间不宜过长，一般应控制在半小时以内

6．在职场中，女士的坐姿主要有（　　）。

A．标准式坐姿　　B．侧点式坐姿

C．重叠式坐姿　　D．交叉式坐姿

二、判断题

1．行握手礼时，如需与多人握手，可以交叉握手，以节约时间。（　　）

2．在职场中，女士的发型应清秀典雅，给人以持重、干练的感觉。（　　）

3．“孟超总经理”属于职称性称呼。（　　）

4．一般而言，接听电话应遵守“铃响不过三声”的原则，以免发话人久等。若电话铃响超过三声才接听电话，则应在通话时先向发话人道歉。（　　）

5．在商务场合中，年轻人可以穿着西装搭配休闲鞋。（　　）

6．女士的站姿主要有丁字步站姿和扇形站姿两种。（　　）

三、简答题

1．简述职场中的着装原则。

2．简述坐姿的基本要领。

3．简述拨打电话的礼仪。

4．简述职场中如何与同事相处。

四、案例分析

某灯具厂的业务员张先生按计划到××贸易公司商谈业务。他带着灯具样品到达××贸易公司后，大汗淋漓地走进业务部王经理的办公室。王经理放下手中的工作，双手接过灯具样品，请张先生入座，并让秘书为其倒上一杯茶。其间，王经理开始仔细研究灯具样品并随口赞道：“好漂亮啊！”

张先生见王经理对新产品感兴趣，感觉如释重负，便往沙发上一靠，跷起二郎腿，脚尖指向王经理，一边吸烟一边悠闲地环视王经理办公室里的布置。当王经理提出关于灯具的设计和价格问题时，张先生习惯性地一边挠头皮一边解释，并不由自主地拉松领带，眼睛直盯着王经理。王经理皱了皱眉头，托词离开了办公室，留下了张先生一个人。过了一会儿，王经理的秘书走进办公室，并告诉张先生业务商谈取消。

问题：张先生计划的商谈为什么会被取消？在与王经理相处的过程中，张先生有哪些失礼之处？

素质目标

（1）注重理论联系实际，坚持学以致用。

（2）增强自信心，在遇到困难与挫折时，相信自己有能力解决。

知识目标

（1）了解时间管理的内涵和陷阱，掌握时间管理方法。

（2）了解自我效能的内涵，理解自我效能的影响因素，掌握提高自我效能的策略。

（3）明确压力的概念和类型，掌握缓解压力的方法。

（4）了解情绪及其对个体的影响，掌握情绪管理的方法。

能力目标

（1）能够运用时间管理方法合理安排自己的时间。

（2）能够根据自身情况，有效提高自我效能。

（3）能够正确看待压力、面对压力、缓解压力。

（4）能够管理好自己的情绪，保持积极向上的精神面貌。

学习导航

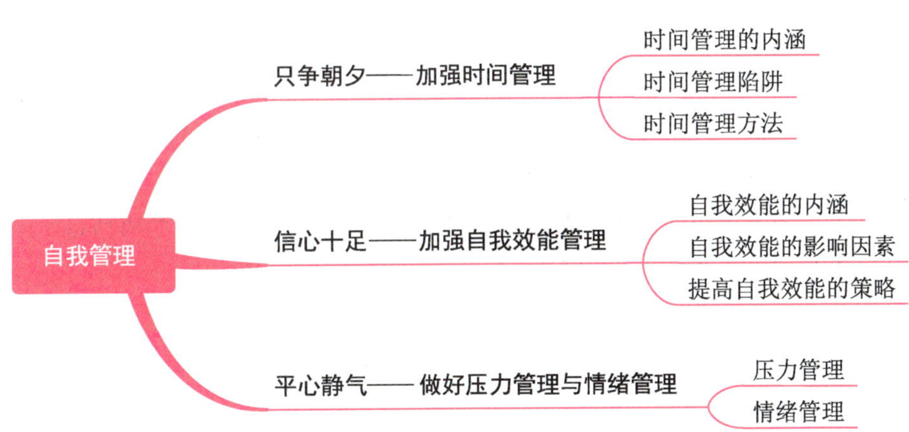

引导案例 忙碌的小赵

一天早上，设计师小赵刚坐到工位上，便接到主管的通知，让他做一份活动宣传海报。接到任务后，小赵立刻开始搜索设计素材、构思设计方案。大约一小时之后，运营部的同事走过来并打断了他，说："小赵，昨天给你的文案看了吗？我们现在开会讨论一下吧，需要做一份方案发给客户。"小赵看了看手头的工作，觉得时间还早，可以开完会再接着做宣传海报，便和同事一起去了会议室。

一小时之后，会议结束。小赵回到工位上，看着刚才做了一半的宣传海报，大脑瞬间空白，之前是怎么构思的呢？设计思路彻底被打乱了……这时，刚才的同事又走过来说道："小赵，刚才我们讨论的方案已经发到你邮箱里了，还需要配几张图片，然后打印好呈交给张总。他一会儿要看。"小赵听后，急忙打开邮箱，按要求处理好方案后便去了打印室。可谁知，方案打印到一半时，打印机出了故障。小赵赶紧找维修师傅帮忙解决，直至中午才将打印好的方案送到张总办公室。等他再次坐到工位上时，午饭时间已经过了，而且早上的宣传海报也没有完成。小赵心想：一上午忙忙碌碌的，感觉什么也没做。

小赵的工作状态可谓是"随波逐流"。每次出现新任务或者临时状况时，小赵会立马处理，但这样经常性的打断手头任务，最终导致小赵的工作效率大大降低。此外，小赵也没有将工作任务排出优先级，看似哪一项任务都做了，实际上并没有抓住工作重点。

思考：如果小赵有一定的时间管理思维与能力，那么，你认为合理的做法应该是怎样的呢？

模块一　只争朝夕——加强时间管理

一、时间管理的内涵

时间管理是指运用一定的技巧、方法或工具，规划、管理自己的工作与生活，合理、有效地利用可以支配的时间，从而实现既定目标的过程。

对从业人员而言，如何选择、支配、调整和驾驭单位时间里所做的事情是时间管理的关键。从业人员如果能够科学地分析时间、利用时间、管理时间和节约时间，就能够合理地安排自己的工作，从而在有限的时间里最大化地创造价值。因此，时间管理是每个从业人员必须具备的一种重要能力，也是管理好其他事情的前提。

知识视窗

时间管理理念的演进与变化

时间总是在不断地流逝，如果能够利用好时间，人们便可以在一天之内做更多的事情。因此，管理好时间非常重要。随着人们对时间管理的认识越来越深刻，时间管理理念也在不断地演进与变化。具体而言，时间管理理念的演进与变化可以分为以下四个阶段。

1. 第一阶段

这一阶段的时间管理研究者认为，一个人要想管理好自己的时间，就应该利用备忘录、便利贴等辅助物品，帮助自己规划与调配时间，从而做到事事都井然有序。

2. 第二阶段

这一阶段的时间管理研究者认为，日历和日程表便于管理时间。通过在日历中设定每项任务的完成时间，人们可以养成合理规划任务的良好习惯。通过在日程表中明确规定每日的工作量，人们可以带着紧迫感去完成每项任务，从而提高单位时间内的工作效率。

3. 第三阶段

这一阶段的时间管理研究者重点研究的是“什么事情应该花时间去做？”的问题。他们认为，人们应当按照紧急程度将需要完成的任务划分等级，然后根据每项任务的轻重缓急设定短期、中期、长期目标，这样才能在有限的时间内获得最佳的工作效率。

4. 第四阶段

这一阶段的时间管理研究者认为，时间管理的本质是管理好自己。人们只有将管理的重点放在自身发展上，并将时间管理与自身发展融合在一起，才能更好地利用时间。

总体而言，上述四种时间管理理念都有可取之处，人们只有找出最适合自己的时间管理理念，才能将自己的时间安排好，从而在工作时始终保持高效率。

资料来源：百度（有改动）

二、时间管理陷阱

时间管理陷阱是指导致时间浪费的各种因素。总体而言，职场中常见的时间管理陷阱有以下几种。

（一）拖延

拖延是导致时间浪费的主要原因。在职场中，许多从业人员都有拖延行为。例如，能提前完成的任务，总是拖到不得已的时候才会去做；将今天应该完成的任务推到明天去做；等等。从业人员如果总是拖延，其执行能力就会变弱，进而导致无法按时完成任务、工作效率低下等不良后果。

知识视窗 

拖延的成因及对策

许多人都有拖延的毛病。那么，造成拖延的原因是什么？又该如何克服拖延呢？

1．缺乏明确的愿景

有的人没有明确的愿景，不知道自己的目标是什么，没有前进的动力，也找不到努力的方向，非常迷茫，进而做事拖延。要想改掉由此造成的拖延，人们就应该设定明确的目标，并对未来有清晰的构想，以便有足够的动力去完成目标。

2．不善于利用有限的时间

有的人虽然每天都忙忙碌碌，但工作却总是不见成效。长此以往，他们便会对工作产生厌烦，进而产生消极情绪，开始拖延。产生这种现象的根本原因，就是其不善于利用有限的时间做事情。为了更好地利用时间，提高工作效率，人们可以将一天分为几个时间段。通常来说，上午大脑一般比较清醒，可以做一些难度大且重要的工作；下午大脑一般比较迟钝，可以做一些工作量大但不需要太动脑筋的工作。

3．疲劳感

有的人拖延是因为感到疲劳，想用拖延缓解压力。要想解决这个问题，人们可以合理安排休息与工作的时间，如制订一个作息时间表，按部就班地做事，进而减少疲劳，逐渐克服拖延心理。

4．自制力不足

有的人缺乏自制力，容易受到外界的干扰，难以集中注意力，从而造成工作进度缓慢。因此，在工作之前，人们最好能够先排除那些可能会影响自己工作的因素，如关掉网络或手机等，以便更加专注地工作。

5. 惰性

惰性总是与拖延相伴相生的。有的人遇到自己不喜欢做的事情或难做的事情，就会产生惰性。要想克服这种心理，人们就必须要克服惰性，把不愿意做但又必须做的事情放在首位。如果任务难度较大，人们可以试着把任务分解，逐个击破，千万不能让惰性成为自己工作中的绊脚石。

（二）缺乏计划性与条理性

俗话说，“宜未雨而绸缪，毋临渴而掘井”。有的从业人员工作缺乏计划性，既不能对任务进行合理的归类与分配，也不能明确各类任务的目标；有的从业人员工作缺乏条理性，处理工作时不分轻重缓急，喜欢将文件资料杂乱无章地堆在办公桌上；等等。这类从业人员在工作中要么盲目做事，要么无法准确且及时地获取所需资料，进而浪费了有限的时间与资源。

（三）不会取舍

一天只有 24 个小时，可以有效利用的时间是有限的。要想合理分配自己的时间，就必须学会取舍。然而，部分从业人员常常因为不会取舍而陷入时间管理陷阱。例如，有的从业人员在有限的时间内什么都想做，且每件事情都想要亲自处理，最终导致每件事情都没有做好；有的从业人员不懂得在工作与休息之间寻求平衡，总是一味地工作，导致身体出现了问题；有的从业人员不会拒绝他人的不合理要求，总是碍于面子接受，导致自己在工作中手忙脚乱；等等。

每个人的时间与精力都是有限的，因此，每一个从业人员都应该学会取舍，逐步提高自己的工作效率。

三、时间管理方法

时间管理方法是指合理安排时间、有效利用资源的原则与措施。在职场中，常用的时间管理方法主要有以下四种。

（一）目标原则

目标原则要求从业人员工作时应设定有效的目标。目标是行动的开始，对从业人员的整个工作起着定向作用。有效的目标可以使从业人员提高工作效率。

一般而言，从业人员可以根据 SMART 模式确定目标。SMART 一词是由五个英文单词的首字母组合而成的，分别代表目标的五个特性。

1．具体性

S 代表“specific”，是指目标的具体性，即目标必须是清晰、具体的，且可以产生行为导向作用。例如，“我要在今年考取二级建造师证”“我必须在本周和客户签订合同”就是具体的目标；而“我要成为一个优秀的人”则不是一个具体的目标。

2．可衡量性

M 代表“measurable”，是指目标的可衡量性，即目标是可以用指标量化的。例如，“我必须每天背 10 个单词”“我要在本月完成 100 万元的销售量”就是可衡量的目标。

3．可实现性

A 代表“attainable”，是指目标的可实现性，即设定的目标既要有一定的难度，又要可以通过努力被实现。例如，“每天工作 24 个小时”“每天跑 100 千米”都是无法实现的目标；而“如果今天没有写完工作报告，我就必须加班完成”“我今天要跑三千米”则是可以实现的目标。

4．相关性

R 代表“relevant”，是指目标的相关性，即目标必须与现实环境紧密联系，且目标内部各指标之间、目标与行动计划等密切相关。例如，企业各个部门所制订的目标不仅要符合企业的实际情况且有一定的关联性，还要与企业的整体目标保持一致，这样才更有利于企业整体目标的实现，促进企业的发展。

5．时限性

T 代表“time-bound”，是指目标的时限性，即目标的实现应有一个明确的截止日期。一般而言，设定目标就是为了能在预定时间内完成某项任务，如果未在截止日期前完成，目标就没有意义了。

通过 SMART 模式可以看出，目标如果缺乏具体性，就会显得空泛，无从下手；如果缺乏可衡量性，则无法评判任务进度是否达到合理的标准，进而影响目标的最终实现；如果缺乏可实现性，就与空想无异，毫无意义；如果缺乏相关性，则任务的完成就没有保障；如果缺乏时限性，则从业人员就会缺乏紧迫感，从而丧失行动的动力。

（二）“四象限”法则

一般而言，从业人员手中可能同时存在多项任务，这时就应优先考虑重要事情和紧急事情。但是，在很多情况下，重要事情不一定紧急，紧急事情又不一定重要。因此，在处理各类事情时，从业人员必须先判断其优先顺序，然后运用“四象限”法则对各类事情进行分类并分配相应的时间。

具体而言，“四象限”法则把各类事情按照重要和紧急的不同程度，分为重要且紧急、重要但不紧急、紧急但不重要和不紧急也不重要。

1. 第一象限：重要且紧急

这个象限包含的是一些重要且紧急的事情，如突发紧急情况、有期限要求的项目、重大项目的谈判、重要的会议、需要立即解决的重大问题等。这些事情都具有时间紧迫与影响重大两大特征，无法回避也不能拖延，必须优先处理和解决。

2. 第二象限：重要但不紧急

这个象限包含的是一些重要但不紧急的事情，如建立人际关系、积累业务知识和规划个人发展等。这些事情在时间上并不紧迫，但是对个人或企业的发展来说都非常重要。因此，在工作与生活中，从业人员应提前做好准备，制订合理的计划。成语“未雨绸缪”就是对这一象限事情管理的形象描述。

3. 第三象限：紧急但不重要

这个象限表面看似属于第一象限，因为迫切的紧急呼声会让从业人员产生“这件事情非常重要”的错觉。实际上，这些紧急事情是对他人而言比较重要，如不速之客的来访、未接电话、日常电子邮件的处理、对他人关心的回应等，具有较大的欺骗性。很多从业人员都是欠缺思考，认为紧急的事情肯定是重要的，进而在这些事情上花费了过多的时间，从而造成工作效率低下。因此，从业人员遇到这些事情时应加以评估，再决定如何去做。

4. 第四象限：不紧急也不重要

这个象限包含的大多是一些琐碎的杂事，这些杂事既没有时间上的紧迫性，也不重要，如发呆、闲聊、处理垃圾邮件、接听推销电话和开展社交活动等。对于这些杂事，从业人员在工作中应少做或不做，以免浪费时间。

需要注意的是，在上述四个象限中，从业人员必须将第一象限和第三象限区分开。如果事情都很紧急，那么能带来直接价值或者能够实现重要目标的就属于第一象限，而不能带来直接价值且对目标的实现没有帮助的则属于第三象限。

（三）“二八”定律

“二八”定律认为，20%的变因控制或操纵着80%的局面。也就是说，在任何事情中，最重要的变量只有20%，其余80%虽然占多数，但却是次要的。换言之，最重要的20%的变量能够创造出80%的效益。例如，20%的品牌占据了80%的市场；20%的客户带来了80%的效益；20%的人能够把握住机会，80%的人总是错失机会；等等。

时间管理的本质是自我管理，而自我管理的目的是促进个人发展。从“二八”定律可以看出，在个人发展的过程中，所遇到的事情并不是同等重要，而是分为20%的重要事情与80%的日常琐事。这两者相互依存，但又相互争夺时间。因此，要想做好时间管理，从业人员应避免将太多时间花费在日常琐事上，而是要准确地找出20%的重要事情，并优先处理这些事情。

合理分配时间，提升工作业绩

小杨刚开始推销保险时，劲头十足。但是，他的业绩却一直不理想，总是达不到预定的目标。这让小杨陷入了反思。

小杨先问自己，“到底是哪一环节出了问题？”小杨拜访过很多客户，一开始和他们谈得都挺顺利，可是到最后成交时客户却对他说再考虑一下。于是小杨又得花时间去找他们，劝说他们改变主意。这让小杨感到很颓丧。

小杨接着问自己，“有解决的办法吗？”随后，小杨对过去12个月的工作记录进行了仔细研究。工作记录显示，他所卖的保险中，有70%是在他与客户首次见面时成交的；有23%是在第二次见面时成交的；只有7%是在第三次、第四次、第五次见面时才成交的。而他，竟把一半的工作时间都浪费在第三次至第五次的拜访上。

该怎么做呢？不言自明：小杨立刻停止了对客户的多次拜访，而是把空出的时间用于寻找新客户。之后，结果令小杨大吃一惊——在很短的时间内，他的业绩上升了一倍。

小杨的时间与精力都浪费在效益并不明显的7%的业务上，所以业绩并不理想。在“二八”定律的影响下，小杨改变了工作方法，把大部分时间与精力用来寻找新客户，并为自己带来了80%的工作收益。这就是小杨在了解并运用“二八”定律后得到的最大收获。一个人的时间、精力和成本都是有限的，每个人必须学会分配，用最重要的时间与精力去做最重要的事情。

（四）黄金时间法则

黄金时间法则是指人们应利用一天中头脑最清醒、精力最充沛、思维最活跃、注意力最集中、心情最愉悦的时间段工作，从而提高工作效率。也就是说，在每一天中，都存在一个黄金时间段，从业人员在这一时间段工作或学习，能达到事半功倍的效果。

在实际工作和生活中，人的生物钟是有个体差异的。有的人白天效率高，有的人晚上效率高。根据黄金时间法则，不管从业人员属于哪一种类型，其生物钟都可以分为思维敏捷阶段、精力减退阶段和精力恢复阶段。从业人员只有了解自己的生物钟规律，学会利用黄金时段来完成一天中最重要的工作，并根据自己的精力周期安排日程，才能够提高工作效率，从而达到预期效果。

例如，小张的生物钟规律是早上思维最敏捷，下午精力有所减退，晚上精力得到恢复但没有达到高峰。那么，根据黄金时间法则，他可以将日程安排如下：第一，制订决策等重要任务安排在早上的思维敏捷期；第二，思考、处理信息和重复性工作安排在下午的精力减退期；第三，需要集中精力的学习安排在晚上的精力恢复期。

课堂活动

你是如何安排一天时间的？你还知道哪些时间管理方法？请与同学们分享一下。

模块二 信心十足——加强自我效能管理

一、自我效能的内涵

自我效能是指个体对自己利用所拥有的技能去完成某项工作的自信程度。自我效能包含以下三层含义：① 自我效能是个体对自己能否达到某一表现水平的预期，它产生于活动发生之前；② 自我效能是个体针对某一具体活动的能力知觉，与能力的概念不同；③ 自我效能是个体对自己能否达到某个目标或特定表现水平的主观判断。也就是说，一个人在确信自己有能力完成某一任务时，就会产生较强的自我效能，并非常有动力地去执行这一任务。

自我效能不仅深刻地影响着人们的行为选择，以及其对某行为的坚持性（即行动中坚持决定、顽强地克服各种困难以达到目的的品质）和做某件事情的努力程度，还时刻影响着人们的思维模式与情感反应模式，进而影响新行为的习得（即学习与掌握）及表现。

一般而言，自我效能高的人往往视困难为挑战对象，总是想方设法地克服困难，不会回避威胁与压力；而自我效能低的人往往会回避问题，遇到困难时容易受胆怯、恐慌或羞涩等因素的干扰而畏缩不前，或者情绪化地处理问题。倘若没有克服困难，自我效能高的人往往会把失败或受挫归因于自身不够努力，从而督促自己不断进步；自我效能低的人则会把失败或受挫归因于自身的能力缺陷，即使遇到中等困难的事情，也常常不能把事情做好。

此外，由于不同职业领域所需要的知识和技能千差万别，一个人在不同职业领域中的自我效能也是不同的。

二、自我效能的影响因素

（一）个体的成败经验

个体的成败经验是影响自我效能的最重要因素。成功能够帮助个体建立起对自我效能的积极信念；失败，尤其是在自我效能尚未牢固树立之前发生的失败，会对自我效能产生消极影响。也就是说，一个人的成功经验越多，其自我效能就越高；反之，一个人的成功经验越少，其自我效能就越低。

（二）替代性经验

替代性经验是指个体未亲身经历，而是通过观察与自己能力相似的人在某活动中的行为，进一步获得的对自我行为可能性的认知。

替代性经验往往是在观察中习得的，是一种间接经验，它使个体相信，当自己处于相似的活动情境时，也可以获得同样的认知或成绩。通过观察，个体如果发现与自己能力相似的人在某项任务中成功了，其自我效能就会提高；如果发现与自己能力相似的人在某项任务中失败了，其自我效能就会降低。

当无法预估自己能否成功地完成某项任务或开展某项活动时，人们便常常通过对比自己与他人的成绩来评价自己的能力。例如，有的从业人员常常与特定的他人（如同学、同事、对手等）相比较，如果自己胜出，则自我效能就会提高；反之，如果自己落后，则自我效能就会降低。这同时也说明，所选择的比较对象不同，自我效能也会有所不同。

课堂活动

在日常工作和生活中，你会拿自己和别人做比较吗？通常会在哪些方面做比较？比较完后对自己有什么影响？

（三）言语劝导

言语劝导是指他人的指导、建议、解释和鼓励等。它能够改变个体的自我效能。一般而言，个体对自身能力的认知在很大程度上受他人评价的影响。当个体的能力被某些重要的人肯定，或者个体总能获得外界的关心与支持时，个体就比较容易维持较高的自我效能。例如，如果从业人员经常得到领导的肯定，那么，他就会认为自己的能力与工作相匹配，进而能够获得较为积极的工作体验，其自我效能也会随之得到提高。

需要注意的是，言语劝导必须切合实际。如果言语劝导者的话语与个体的实际情况一致，个体的自我效能就会提高。反之，如果言语劝导者的话语与个体的实际情况不一致，那么这种言语劝导一开始可能会提高个体的自我效能，但经过事实验证后，反而会快速降低个体的自我效能。

（四）个体情绪

个体情绪也是影响自我效能的重要因素。一个人如果经常获得积极的情感体验，就比较容易产生较高的自我效能。一个人如果总是处于焦虑、情绪低落甚至抑郁的状态，就容易对自己的能力产生怀疑，导致信心不足，进而降低自我效能。

（五）生理状态

生理状态可以影响人的情绪与认知，继而对自我效能产生影响。良好的生理状态能让个体感到精力充沛、信心十足，有利于个体提高自我效能；而困倦、疲乏、病痛和紧张等不良的生理状态有可能会妨碍个体顺利开展某项活动或对事情做出准确判断，久而久之，就容易降低自我效能。

三、提高自我效能的策略

较高的自我效能可以让人更积极地开展社会活动。具体而言，从业人员可以从以下几个方面提高自我效能。

（一）改变归因方式

当遇到各种各样的困难或挫折时，个体如果将原因归结到不容易改变的内部因素（如智力、身高等）上，就容易产生消极情绪，从而逐步降低自我效能；如果将原因归结到可以改变的因素（如花费的时间、努力程度等）上，就会愿意争取下一次的成功，从而逐步提高自我效能。

例如，当某项工作没有取得预期的效果时，从业人员如果把原因归结到“我不够聪明”“我太笨了”等内在因素上，就会降低自我效能；如果把原因归结到“我这次准备得还不够充分”“我还是不够努力”等外在因素上，就能够督促自己继续努力，从而提高自我效能。因此，从业人员应学会将失败归因于外在因素，以便不断激励自己积极前行，进一步提高自我效能。

学会归因，正视自己

小张看到一家财经类杂志社在招聘编辑，其中有一条招聘要求如下：应聘者不仅要具有良好的文笔，更要具有无处不在的自信。小张觉得自己虽然不是财经专业的学生，但非常符合这一条要求，便向该杂志社投了简历。

经过初试、复试，小张成为最后一轮留下来的 10 个面试者之一。看着坐在会议室里等待面试的其他面试者，自信的小张突然生出几分担忧，害怕面试时面试官深入细致地询问有关财经专业的知识。而且当询问了身边的其他几名面试者后，小张发现他们竟然都是财经专业的学生。这让小张的心情更加忐忑了。

终于轮到小张了，他稳定了一下自己的情绪，在心里对自己说："不要紧张，你是最棒的！"然后大步走进了考场。面试官在面试过程中问的问题相对比较简单，但在面试快要结束时，他突然问小张："你看过我们的杂志吗？"小张点了点头。面试官又问："你觉得我们的杂志在财经类杂志中处于什么水平？还有哪些方面需要改进？"这是一个比较具体的问题。小张虽然看过该杂志社的一些杂志，但作为一名非财经专业的学生，他无法将杂志的优劣势说得更加透彻。

回答完问题后，小张有些沮丧。他不知道自己是如何回答面试官的问题的，他只知道，自己的观点只是停留在一个很表面的层次上。小张不安地看着面试官，希望能够从他的表情中看出一点赞赏。很遗憾，面试官的表情没有任何变化，继而说道："你的回答并没有很深入，仅仅回答了表面现象。"听完面试官的话，小张更没有自信了，他低下头，用很小的声音说："对不起！如果贵社录用我，我会努力学习财经专业知识的，希望能够给我一次机会。"面试官并没有回答，只是示意他面试结束。小张沮丧地走了出去。最终，小张没有被录取，而且还把面试失败归因于自己非财经专业的身份。

一次偶然机会，小张又见到了那位面试官。心有不甘的小张鼓起勇气，诚恳地问道："当初您为什么没有录用我？是因为我不是财经专业的学生吗？"面试官看着小张，笑着说："年轻人，有些时候你表现得不太自信。"见小张一脸纳闷，面试官接着说："其实我最后一句话是故意说的。作为一名非财经专业的学生，你对我们的杂志做出的分析已经很不错了！可是，你仅仅听了我的一句话，就怀疑自己，让我觉得你不够自信。不要忘记，我们在招聘要求里特别强调的就是'具有无处不在的自信'。"

资料来源：豆丁网（有改动）

（二）列举自己的闪光点

很多从业人员的自我效能比较低，不是因为自己的能力不够，而是因为不相信自己，选择性地忽略了自己的闪光点，只看到了自己的不足，进而消极地评估了自己的能力。

要想改变这种状态，从业人员可以在缺乏自我效能的领域，将自己的闪光点或在弱项上的突破一一列举出来，以增强克服困难的信心；还可以在遇到困难时，回想自己曾经在相似困境中的成功经历，或者将从他人身上吸取的成功经验迁移到需要突破的领域，以增强自己完成任务的信心。总之，从业人员应善于挖掘自己的闪光点，并肯定自己所取得的进步，以便逐步提高自我效能。

（三）行为塑造

行为塑造是指通过正面强化手段矫正个体的不当行为，使其逐步适应某种预定的行为模式。该方法可以帮助从业人员逐步实现自己的目标，丰富并积累成功经验。从业人员如果对达成某个目标缺乏足够的信心，可以试着把这个目标分解成多个可以达成的小目标，每实现一个小目标就对自己进行正面强化（如给予物质奖励、进行肯定性评价等），从而在不断达成小目标的成功体验中逐步提高自我效能。

模块三　平心静气——做好压力管理与情绪管理

一、压力管理

（一）压力的概念

压力是指人们在遇到某种机遇或威胁时，感受到其重要性却无法有效把握或对抗的一种情绪感受与生理紧张反应。一般而言，低自尊的人容易产生压力，这主要源于两种消极的自我认识：一是低自尊的人在应激状态下比高自尊的人更容易产生恐惧感；二是低自尊的人总认为自己没有足够的能力来应对危险情境。

（二）压力的类型

1．依据压力来源划分

依据来源的不同，压力可分为生物性压力、社会性压力和精神性压力。

（1）生物性压力是指直接阻碍或破坏个体生存的事情带来的压力。这些事情包括疾病、饥饿、噪声和气温变化等。

（2）社会性压力是指直接阻碍或破坏个体社会需求的事情带来的压力。这些事情包括纯社会性的事件（如重大社会变革），以及由自身状况造成的人际关系适应问题（如社会交往不良等）。

（3）精神性压力是指直接阻碍或破坏个体正常精神需求的内在和外在事情带来的压力。这些事情包括错误的认知结构、个体不良经验、道德冲突，以及长期生活经历造成的不良心理特点（如多疑、嫉妒、悔恨、怨恨），等等。

2．依据压力强度划分

依据强度的不同，压力可分为单一性压力和叠加性压力。

（1）单一性压力是指由单一的压力源造成的压力，如工作压力、学习压力、人际交往压力和考试压力等。一般而言，单一性压力的强度不足以使人崩溃，且其带来的后果也不一定是负面的。

（2）叠加性压力是指在一段时间内由多个压力源造成的压力，这类压力往往会带来较为严重的后果。叠加性压力又可以分为同时叠加性压力和继时叠加性压力。

- ✧ 同时叠加性压力是指在同一时间内，多个压力源对个体带来的压力。成语“四面楚歌”就是最经典的同时叠加性压力。

✧ 继时叠加性压力是指两种以上的压力源相继施压，后续的压力恰好发生在前一个压力的反应阶段，使个体感受到更为沉重的压力。成语“祸不单行”就是典型的继时叠加性压力。

（三）缓解压力的办法

1. 正确认识压力

压力是一种中性的客观存在，本身并不会对个体造成伤害，伤害个体的是人们对压力的认知与态度。因为认知偏差，个体的压力管理可能会走入误区。具体而言，常见的压力认知误区有以下三种。

（1）过于忧虑，承受了过多不必要的压力。心理学研究发现，造成压力的事件中，40%永远不会发生，如世界末日；30%是过去所做决定的结果，是无法改变的；12%是因自卑等不良情绪对自身做出的不合理批判；10%与健康有关，即越是担心就越严重；只有8%是合理的。

（2）认为那些没有产生冲击性负面影响的细小压力不会对自己造成伤害。事实上，如果长期处于持续性压力的笼罩下，即使这些压力比较细微，但随着时间的推移，也会对个体造成一定的伤害。

（3）所有压力都必须消除掉。这种误区表现在以下两个方面：一方面，并非所有的压力都可以消除，能消除的只是其中的一部分；另一方面，压力是一把双刃剑，有消极的一面，也有积极的一面。适度的压力可以让个体对周围的环境更加警觉，帮助个体加深对自我的认识，制订更现实的目标，增强个体的自信心与成就感。

2. 消除有害压力源

引起压力的根本原因既有外在的（如物质环境、灾难事件、生活事件等），也有内在的（如心理挫折、心理冲突等）。有的压力源是可以消除的，但有的压力源是无法消除的。对于有害压力源，人们要从根本上消除。例如，如果噪声和温度超出或低于一个范围，就会使人产生心烦意乱等情绪反应，此时人们可以通过有效的科技手段使自身处于一个适宜的环境中，这样就可以免受压力的困扰。

3. 主动释放压力

当压力过大时，人们应当主动寻找正确的途径去释放压力。例如，找知心的朋友、同学、亲人或者陌生人诉说，通过倾诉把内心的郁闷与不快释放出来。

如果不愿意向他人诉说，人们可以通过多参加一些文娱活动（如唱歌、写作、绘画等）拓宽自己的兴趣面，调整自己的情绪；还可以适当做一些体育运动，通过运动释放压力。

自我调节，科学减压

课堂活动

你在什么情况下会有压力，又是如何缓解压力的？

二、情绪管理

（一）情绪概述

1. 情绪的概念

情绪是指个体对于客观事物是否符合其需要而产生的心理体验及相应的行为反应。具体而言，个体在认识客观世界与开展各种活动的过程中，对于所接触到的事物总会产生一定的态度。如果该事物符合个体的需要，个体就会对它产生肯定的态度，从而引发满意、愉快和欢乐等心理体验；否则，个体就会对它产生否定的态度，从而引发愤怒、悲伤和忧愁等心理体验。

知识视窗 

情绪的表现形式

人的情绪在外界环境的刺激下会发生各种各样的变化，且通常与特定的面部表情、身体姿势等相伴，这些情绪的外部表现被称为表情。具体而言，表情主要包括面部表情、姿态表情和言语表情。

1. 面部表情

面部表情是情绪表现的主要形式。额眉部、眼鼻部和口唇部这三个部分肌肉运动的不同组合，构成了不同的面部表情，表达着不同的情绪。例如，嘴角上翘、眼中带着笑意表达了快乐，眼睛睁大、嘴巴张大表达了吃惊。

2. 姿态表情

姿态表情，又称“动作表情”，是情绪在身体姿势与四肢动作方面的表现，其中以四肢动作为主。在不同的情绪状态下，人们的姿态表情往往不同。例如，人在高兴时会捧腹大笑，在懊恼时会捶胸顿足，在悲哀时会肃立低头。

3. 言语表情

言语表情是情绪在语速、语调和语气等方面的表现。例如，人在高兴时语速快、语调高，在悲哀时语速缓慢、语调低沉，在愤怒时语调高、语气严厉等。

2. 情绪的两极性

情绪的两极性是指情绪在不同维度（强度、正负性、紧张度和激动性等）上的变化都具有两级对立的特性，如肯定的情绪与否定的情绪对立，积极的情绪与消极的情绪对立，紧张的情绪与轻松的情绪对立，激动的情绪与平静的情绪对立，等等。

（1）肯定的情绪与否定的情绪。一般而言，当需要得到满足时，人们会产生肯定的情绪，如满意、愉悦和兴奋等；反之，则会产生否定的情绪，如不满、烦闷和忧伤等。肯定的情绪与否定的情绪虽是彼此对立的，但两者在一定条件下可以相互转化，如“乐极生悲”与“破涕为笑”等。

（2）积极的情绪与消极的情绪。一般而言，和积极的态度相联系的情绪就是积极的情绪，如振奋和热情等；和消极的态度相联系的情绪就是消极的情绪，如萎靡和冷漠等。同一种情绪既可能具有积极的性质，也可能具有消极的性质。例如，悲哀既可能使人灰心丧气，也可能使人“化悲痛为力量”。

课堂活动

肯定的情绪都是积极的，否定的情绪都是消极的。这句话对吗？为什么？

（3）紧张的情绪与轻松的情绪。这两种类型的情绪往往是在事件的紧要关头前后表现出来的。也就是说，在紧要关头前夕，人的情绪一般是紧张的；当紧要关头过去后，人的情绪一般是轻松的。

（4）激动的情绪与平静的情绪。激动的情绪是强烈的、短暂的和爆发式的，如激愤、狂怒和狂喜等；平静的情绪是平稳的和安静的，如镇静和淡定等。

3．情绪的状态

情绪的状态是指在特定的时间内，个体内在的情绪活动在强度、紧张度和持续时间上的综合表现。一般而言，情绪的状态可分为心境、激情和应激。

（1）心境是指个体平静而持久的情绪状态，也就是平时所说的心情。心境不是个体对单一事物的特定体验，而是以同样的态度对待一切事物。当一个人心情愉悦时，他会喜笑颜开，看任何事物都是美好的；当一个人心情不佳时，他会神情沮丧，看任何事物都是有缺陷的。心境的影响因素是多种多样的。在职场中，从业人员自身的健康状况、思想观念和生活经历，与领导或同事之间的人际关系，都会影响自身的心境。

（2）激情是一种强烈的、爆发性的和短促的情绪状态。这种情绪状态通常是由对个体有重要意义的事件引起的。例如，获得成功后的狂喜、惨遭失败后的绝望、突如其来的危险所带来的异常恐惧等。人处于激情状态时，一般会伴随着明显的生理反应与外部行为表现，如人在狂喜时会手舞足蹈，在盛怒时会咬牙切齿，在悲痛时会放声大哭，等等。

（3）应激是指由出乎意料的紧急事件所引起的个体极度紧张的情绪状态。导致应激的刺激有物理性刺激、化学性刺激和社会性刺激等，这些刺激与许多中介因素一起，如个体的健康情况、个性特点、生活经验、应对能力和所持的信念等，共同引起个体的应激反应。在刺激因素的影响下，人们会有以下两种不同的应激反应：① 积极的应激反应，通常表现为急中生智与超水平发挥等，从而使个体顺利应对突发事件；② 消极的应激反应，通常表现为惊慌失措与思维混乱等，导致个体无法对突发事件做出正确的判断，甚至造成惨重的后果。

（二）情绪对个体的影响

1．对健康的影响

人对社会的适应是通过情绪的调节来进行的，情绪的好坏与人的身体健康息息相关。一般而言，积极的情绪有助于个体的行为适应，消极的情绪则会使个体产生过高的应激值，从而严重损害身体健康。

同时，情绪对人的心理健康也有着重要影响。情绪是以人的需要为中介的一种心理活动，它反映的是客观外界事物与主体需要之间的关系。当外界事物符合主体需要时，个体会产生积极的情绪体验。这些情绪体验会对心理健康产生积极的促进作用。反之，当外界事物不符合主体需要时，个体会产生消极的情绪体验，如愤怒、恐惧、焦虑、忧愁、悲伤和痛苦等。这些情绪体验过分刺激个体时，会使人的心理失去平衡，甚至导致神经活动功能失调、情绪障碍等。

2．对社会交往的影响

面部表情与动作表情作为情绪的外部表现，比语言本身更具表现力，具有传递情感信息、沟通交流的作用。在职场交往中，面部表情与动作表情作为语言的一种补充手段，可以准确而微妙地表达从业人员的思想感情。从业人员可以通过面部表情与动作表情判断他人的情感态度，了解他人的内心世界。

此外，良好、健康的情绪还是维系正常人际关系的纽带。一个微笑、一次握手、一个诚挚的眼神、一个友好的动作和一句温暖的话语，都能起到沟通心灵、增进友谊的效果；而冷漠、暴躁等不良情绪会影响人际交往的和谐，进而妨碍人与人之间的团结与友谊。

3．对行为的影响

情绪对行为具有调控作用。一般而言，快乐、热情和自信等积极的情绪可以激发个体的内在潜能，促使个体积极开展社会活动，努力追寻自己的梦想，乐观面对突发事件和艰难险阻等。恐惧、痛苦和自卑等消极的情绪会消耗个体过多的能量，影响身体机能的正常发挥，使个体的活动积极性下降、动作缓慢、反应迟钝、效率低下或悲观厌世等。

需要注意的是，积极的情绪有时也可能对行为产生消极的影响。例如，有的从业人员对工作充满热情，想把任何事情都做好，可是往往因为想做的事情太多而导致任务无法按时完成。反之，消极的情绪有时对行为的影响也有好的一面。例如，人感到害怕时，会选择逃跑，以保护自己；人保持适度的焦虑感，在一定程度上有利于自身潜能的发挥，从而提高工作效率；等等。

（三）情绪管理的方法

情绪管理是指认识、协调、引导和控制自身情绪，培养驾驭情绪的能力，让自己保持良好情绪状态的过程。但是，情绪管理并不是为了完全消除情绪或情绪的起伏变化，而是要将情绪的起伏控制在一个可接受的范围内，避免失控。一般而言，遇到不良情绪时，从业人员可以参考以下方法进行情绪管理。

1．合理宣泄

合理宣泄是指个体在产生不良情绪时，通过适当的方式把情绪宣泄出来。合理宣泄可以避免负面情绪积压，有利于身体健康。在日常工作和生活中，很多事情都会导致负面情绪的出现。若一味地压抑自己，压力就会过大，进而导致不良后果。因此，在产生不良情绪时，从业人员可以选择合适的方式宣泄情绪，如运动、大哭、阅读、怒吼和旅游等。

需要注意的是，宣泄情绪的时间与场合应当适宜，且宣泄应无破坏性。

2．转移注意力

转移注意力是指个体在出现不良情绪时，把注意力从引起不良情绪的事情上转移到其他事情上去，使自己脱离不良情绪。一般而言，一个人的注意力不能同时集中在两件事情上，当注意力受困于引起不良情绪的事情时，可以让自己停下来，想一想开心的事情或做一些其他可以让自己愉快、舒适的事情，进而激发积极、愉快的情绪反应，从而缓解或消除消极的情绪。

3．心理暗示

积极的心理暗示可以创造快乐。在产生不良情绪时，从业人员可以通过语言提醒、形象调整或想象美好事物等方式对自身施加积极的影响，以帮助自己消除不良情绪带来的负面影响。

4．调整认知

有研究表明，情绪困扰并不一定是由诱发事件直接引起的，而是由个体对事件的非理性认知引起的。因此，如果将非理性认知转变为理性认知，不良情绪困扰便可以消除。例如，有的人认为“人生道路应该是一帆风顺的”，这种认知会导致其在人生道路中遭遇挫折时便消沉苦闷或怨天尤人，进而会产生不良情绪，甚至还会引发心理问题。如果改变这种错误认知，那么不良情绪就会消失，心理问题也就能得到解决。

课堂活动

假设你接到一项较有难度的任务，你自认为已经尽了最大的努力去做了，但最终还是没能达到领导的预期。当领导告诉你，你的工作未达标时，你会产生怎样的情绪与想法？请你从以下几个选项中选出符合自身情况的一项。

（1）无所谓。我已经尽力了，没有做好并不是因为我不努力，就这样吧，“尽人事知天命”吧！

（2）气愤与不服。我已经很努力了，没有做好并不是我的责任，领导为什么要责怪我？

（3）忐忑不安。领导会不会对我有什么看法，我今年的职级晋升会不会受到影响？

（4）自怨自艾。我怎么这么差劲，一直达不到领导的要求？

（5）有点遗憾，但我需要反思一下问题出在哪里。这次任务没有做好，的确挺让人沮丧，但事情已经过去了，相信领导也知道我已经尽力了。我还是赶快复盘一下，看看哪儿还能再改进吧！

请谈一谈在以上五个选项中，你觉得持哪一种想法的人在职场中能够走得更高，更远。和其他选项相比，这种想法对于情绪管理有什么好处？

实践活动　探究活动——关注情绪，做情绪的主人

【活动背景】

情绪就像影子一样，每天与人们相伴相随。在日常工作和学习中，随时随地都会发生喜怒哀乐等情绪的起伏变化，人们的一切活动无不打上情绪的烙印。情绪的力量，以及人们对情绪的调节和控制，是人们日常工作和生活中不可或缺的一部分。为帮助学生掌握正确、恰当的情绪调节方法，提升其应对挫折与逆境的心理韧性，请同学们以小组为单位，开展一次“关注情绪，做情绪的主人”的探究活动，以消除不良情绪对身心健康的影响。

【实施步骤】

（1）全班同学以3～5人为一组进行分组并选出组长。

（2）组长组织小组成员制作含有情绪词汇的卡片、设计能够诱发不同情绪的情境，并进行任务分工，然后将小组成员及分工情况填入表8-1中。

表8-1　小组成员及分工情况

小组成员	姓名	学号	任务分工
组长			
组员			

（3）每组通过面部表情与动作表情表达卡片上的情绪，其他小组猜测，并讨论不同情绪带来的不同主观感受。

（4）每组模拟设计好的情境，其他小组观看，并记录不同情境中不同人物的情绪反应，然后根据记录讨论不同情境中不同人物的情绪管理是否合适，应如何改善。

（5）以小组为单位，讨论应对不良情绪的方法，并选派一名代表与大家分享。

（6）活动结束后，教师针对本次活动的整体情况做总结性发言。

活动评价

采取自评、小组互评和教师评价相结合的方式完成考核评价，并将其结果填写在如表 8-2 所示的考核评价表中。

表 8-2　考核评价表

项目名称	评价内容	分值	评价分数		
			自评	互评	师评
知识与技能考核（60%）	能够采用恰当的方法准备资料、设计情境	20			
	表演自然、表达流畅且逻辑清晰	20			
	能够根据所学知识，掌握应对不良情绪的方法	20			
综合素质考核（40%）	衣着整齐，仪态大方，体现出良好的风度与气质	10			
	具备团队精神，能够积极与他人开展合作	10			
	态度认真，积极参与实践活动	10			
	勤于思考，善于总结	10			
合计		100			
总评	自评（20%）+互评（20%）+师评（60%）=	教师（签名）：			

复习与思考

一、不定项选择题

1. “悲哀既可以是减力性的——使人灰心丧气；也可能是增力性的——使人化悲痛为力量。”这句话说明了情绪的（　　）。

A．肯定性与否定性　　B．积极性与消极性

C．激动与平静　　D．紧张性与轻松性

2．依据来源的不同，压力可分为（　　）。

A．生物性压力　　B．学习性压力

C．社会性压力　　D．精神性压力

3．遇到不良情绪时，从业人员可以通过（　　）的方法，进行情绪管理。

A．转移注意力　　B．想象美好事物

C．合理宣泄情绪　　D．调整认知

4．下列选项中，不属于自我效能影响因素的是（　　）。

A．个人的成败经验　　B．替代性经验

C．个体情绪　　D．焦虑程度

5．根据“四象限”法则，突发紧急情况、有期限要求的项目和重要的会议属于（　　）中的事情。

A．第一象限　　B．第二象限

C．第三象限　　D．第四象限

6．一般而言，从业人员制订的目标必须是清晰、具体的，且可以产生行为导向作用。下列选项中，属于清晰、具体的目标的是（　　）。

A．我要在今年考取教师资格证

B．我今天必须完成此项任务

C．我一定要成为优秀的人

D．我必须在本周和客户签订合同

二、判断题

1．“SMART”一词中的 A 是指目标的可衡量性，即目标是可以用指标量化的。（　　）

2．时间管理是每个从业人员必须具备的一种重要能力，也是管理好其他事情的前提。（　　）

3．替代性经验是影响自我效能的最重要因素。（　　）

4．当小月考试没有取得预期的成绩时，她就会把原因归结到“我不够聪明”“我太笨了”等内在因素上，这一做法有利于提高自我效能。（　　）

5．当情绪不佳时，从业人员可以选择运动、大哭、怒吼和旅游等方式宣泄情绪。（　　）

6．同时叠加性压力是指在同一时间内，多个压力源对个体带来的压力。（　　）

三、简答题

1．简述时间管理方法。

2．简述提升自我效能的策略。

3．简述压力的类型。

4．简述情绪的状态。

四、案例分析

调研人员对某公司销售部门的员工进行了一次日常时间安排的调研。大部分销售人员都对调研人员表示，自己的工作时间安排情况如下：三分之一时间用于与同事讨论业务，三分之一时间用于接待重要客户，其余三分之一时间用于参加各种社会活动。但是，调研人员通过跟踪记录发现，这些销售人员在上述三类工作上只花费了很少的时间，上述时间分配只不过是他们对“应该”耗费时间的估算而已。实际上，他们的时间还有很大一部分花在了聊天、协调工作、处理订单、打电话催款和会见无关紧要的朋友等方面。

问题：如果你是上述公司的一名销售人员，你会如何管理自己的时间？

参考文献

[1] 尚晓梅，高静，郝路露. 中国商道 [M]. 北京：航空工业出版社，2019.

[2] 华瑶. 企业文化与评价 [M]. 长春：吉林人民出版社，2007.

[3] 崔正华，王伶俐，李爽. 大学生心理健康与心理素质培养 [M]. 北京：航空工业出版社，2018.

[4] 苏万益，成光琳. 现代企业文化与职业道德（第三版）[M]. 北京：高等教育出版社，2021.

[5] 尹凤霞. 职业道德与职业素养 [M]. 北京：机械工业出版社，2012.

[6] 陈斯毅. 职业素养 [M]. 北京：北京师范大学出版社，2021.